Nature

MANTELLE JAUNE
HIBISCUS
HIMANTHALIE (ALGUE LIANE)
LAMINAIRE
LAITUE DE MER
FUCUS
CORALLINE

Nature

Texte
Scarlett O'Hara

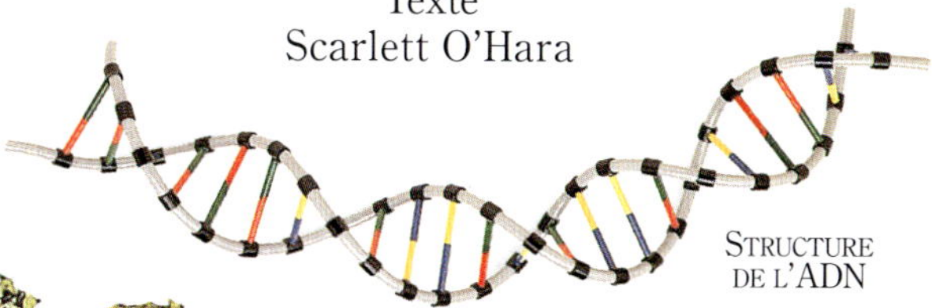

STRUCTURE DE L'ADN

HIPPOCAMPES

AMIBE

Les compacts
GALLIMARD JEUNESSE

Pour l'édition originale :
Dorling Kindersley Limited

Édition originale parue en 1997
sous le titre *Pockets Nature facts*

Pour l'édition française :
Remise en page : Farida Mahmoud, Octavo
Maquette de couverture :
Marguerite Courtieu
Responsable éditorial : Thomas Dartige
Édition : Eric Pierrat et Anne-Sophie Guirlet
Photogravure de couverture et flashage : Scan+

COMMENT ACCÉDER AU SITE INTERNET DU LIVRE

1 - SE CONNECTER

Tapez l'adresse du site dans votre navigateur puis laissez-vous guider jusqu'au livre qui vous intéresse :

http://www.decouvertes-gallimard-jeunesse.fr/9+

2 - CHOISIR UN MOT CLÉ DANS LE LIVRE ET LE SAISIR SUR LE SITE

Vous ne pouvez utiliser que les mots clés du livre (inscrits dans les puces grises) pour faire une recherche.

3 - CLIQUER SUR LE LIEN CHOISI

Pour chaque mot clé du livre, une sélection de liens Internet vous est proposée par notre site.

4 - TÉLÉCHARGER DES IMAGES

Une galerie de photos est accessible sur notre site pour ce livre. Vous pouvez y télécharger des images libres de droits pour un usage personnel et non commercial.

IMPORTANT

- Demandez toujours la permission à un adulte avant de vous connecter au réseau Internet.
- Ne donnez jamais d'informations sur vous.
- Ne donnez jamais rendez-vous à quelqu'un que vous avez rencontré sur Internet.
- Si un site vous demande de vous inscrire avec votre nom et votre adresse e-mail, demandez d'abord la permission à un adulte.
- Ne répondez jamais aux messages d'un inconnu, parlez-en à un adulte.

NOTE AUX PARENTS : Gallimard Jeunesse vérifie et met à jour régulièrement les liens sélectionnés, leur contenu peut cependant changer. Gallimard Jeunesse ne peut être tenu pour responsable que du contenu de son propre site. Nous recommandons que les enfants utilisent Internet en présence d'un adulte, ne fréquentent pas les *chats* et utilisent un ordinateur équipé d'un filtre pour éviter les sites non recommandables.

ISBN 978-2-07-062259-7

Loi n° 49-956 du 16 juillet 1949
sur les publications destinées à la jeunesse
Dépôt légal : janvier 2009
Numéro d'édition : 162079

Photogravure Colourscan, Singapour
Imprimé par Star Standard à Singapour

Sommaire

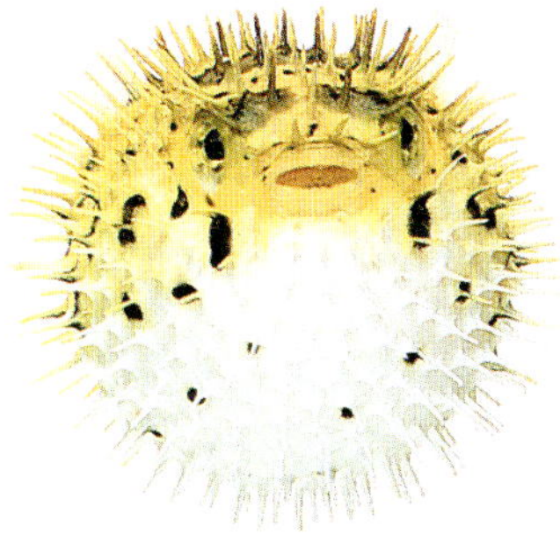

COMMENT UTILISER CE LIVRE

Ce livre est divisé en six chapitres. Les cinq premiers donnent des informations sur les plantes, les animaux et l'écologie. Le dernier contient des tableaux de classification, suivis d'un glossaire et d'un index.

LE TITRE

Il nomme le sujet de la page. Si le sujet se poursuit sur plusieurs pages, le titre apparaît en tête de chacune d'elles.

L'INTRODUCTION

Elle donne une vue d'ensemble du sujet traité. Après l'avoir lue, vous aurez une idée claire du contenu des pages.

Des diagrammes décomposent et commentent les étapes d'un processus d'évolution.

LES TITRES

En marge de la page de droite figure le titre du chapitre, ici "Les animaux", en marge de la page de gauche, le sujet traité : "Mollusques et échinodermes".

TABLEAUX

De nombreuses pages contiennent des tableaux qui permettent de donner des indications précises et chiffrées sur le nombre d'espèces ou les caractéristiques d'un groupe.

LÉGENDE
Pour plus de clarté, un titre identifie les illustrations quand elles ne sont pas reliées au texte de façon évidente.

LES ENCADRÉS
Certains aspects des sujets traités sont mis en valeur par des encadrés : on y trouve des explications détaillées, accompagnées de schémas ou diagrammes.

ÉCHINODERME	CLASSE	CARACTÉRISTIQUES	NOMBRE D'ESPÈCES
	Stelléroïdes (étoiles de mer)	Orifice buccal central cerné de bras	2 500
	Échinoïdes (oursins)	Corps entouré d'une coque épineuse	2 000
	Crinoïdes (comatules)	Cavité buccale au centre de bras plumeux	600
	Holothuroïdes (holothuries)	Corps de ver muni de papilles rétractrices	1 200

LES LÉGENDES EN ITALIQUE
Elles soulignent les détails auxquels elles sont reliées par un filet. Elles complètent le texte qui commente chaque illustration.

“LE SAVIEZ-VOUS ?”
Des petits encadrés vous rappellent d'un coup d'œil les détails remarquables ou étonnants propres au sujet traité.

GLOSSAIRE ET INDEX
Dans le dernier chapitre, après les pages consacrées à la classification des espèces, un glossaire reprend certains des termes utilisés dans cet ouvrage, et un index dresse la liste de tous les sujets traités.

LES PREMIERS SIGNES DE VIE

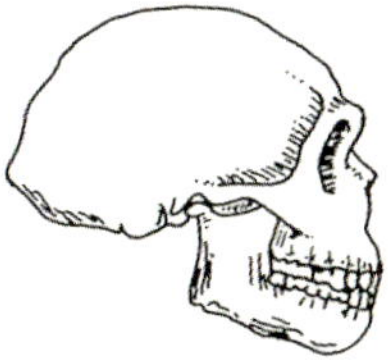

QU'EST-CE QUE LA NATURE ?

Les biologistes classent l'ensemble des êtres vivants en cinq grands règnes : les animaux, les plantes, les champignons, les procaryotes et les protistes. Ces deux derniers groupes comprennent les organismes unicellulaires telles les bactéries.

L'homme est le plus évolué de tous les mammifères.

L'HOMME

L'homme est un mammifère primate, comme tous les singes. Ainsi que les autres mammifères, il allaite ses petits.

Certains champignons se nourrissent de déchets.

CHAMPIGNONS

CHAMPIGNONS ET LICHENS

Mieux connus aujourd'hui, ils ne sont plus assimilés à des plantes et font l'objet d'une classification à part.

CARACTÉRISTIQUES DES ÊTRES VIVANTS

- Utilisent l'énergie
- Absorbent les matières brutes
- Éliminent les déchets
- Interagissent avec l'environnement
- Se reproduisent
- Se développent

PIED-D'ALOUETTE

Les plantes à fleurs sont très répandues.

LES PLANTES

Aquatiques à l'origine, les plantes se sont adaptées à la vie terrestre. Pour se nourrir, la plupart transforment des substances simples grâce à la lumière solaire (photosynthèse).

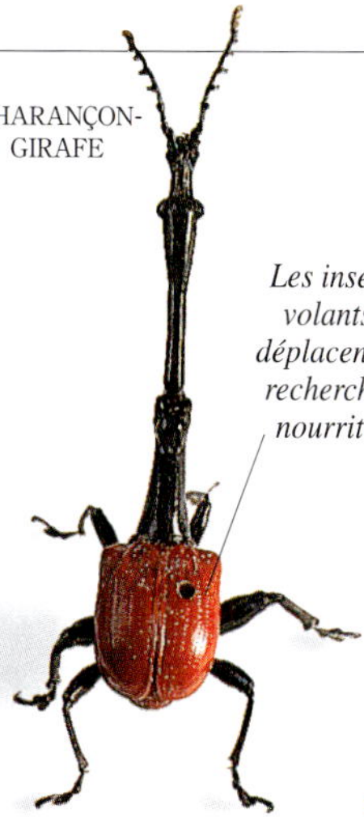

CHARANÇON-GIRAFE

Les insectes volants se déplacent à la recherche de nourriture.

LES INSECTES

Ils constituent le plus grand ensemble du règne animal par le nombre d'espèces. Les insectes occupent tous les biotopes, à l'exception du milieu marin.

PROCARYOTES ET PROTISTES

Les procaryotes, qui comptent environ 4 700 espèces, regroupent les organismes unicellulaires ne possédant pas de noyau (bactéries). Les protistes, unicellulaires à noyau, regroupent des organismes simples – algues et protozoaires (comme l'amibe) – et comptent au moins 50 000 espèces.

BACTÉRIE COCCUS

BACTÉRIE EN SPIRALE

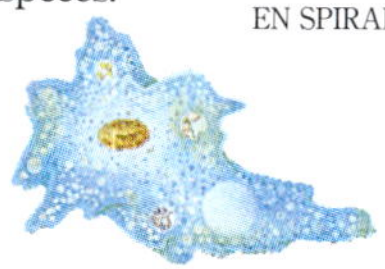

AMIBE

Les mammifères comme le lion sont à sang chaud.

LION

LES ANIMAUX

Le règne animal compte des organismes peu évolués, comme l'éponge, et d'autres plus complexes, comme le lion ou l'homme. Contrairement aux plantes, les animaux n'élaborent pas leur nourriture, ils doivent la rechercher. Ils occupent de nombreux biotopes.

L'APPARITION DE LA VIE

L'apparition de la vie sur la Terre constitue depuis toujours un mystère pour l'homme. Pour les scientifiques, les premières formes de vie, apparues il y a 4 milliards d'années, résultent de réactions chimiques.

FUMEROLLES

Lave en fusion

En s'élevant, la vapeur se condense et retombe en pluie.

LA NAISSANCE DE LA TERRE

La Terre fut d'abord une masse brûlante de roches en fusion. Puis une croûte terrestre s'est solidifiée et fissurée, laissant échapper de la lave, des gaz et de la vapeur d'eau. La vapeur, en se refroidissant, s'est transformée en pluie donnant naissance à des lacs de boue.

LE MÉLANGE GAZEUX

Les scientifiques ont reconstitué un mélange gazeux identique à celui du début du monde et simulé un éclair au moyen d'étincelles électriques. Le composé qui en résulte contient des substances que l'on retrouve dans toute matière vivante.

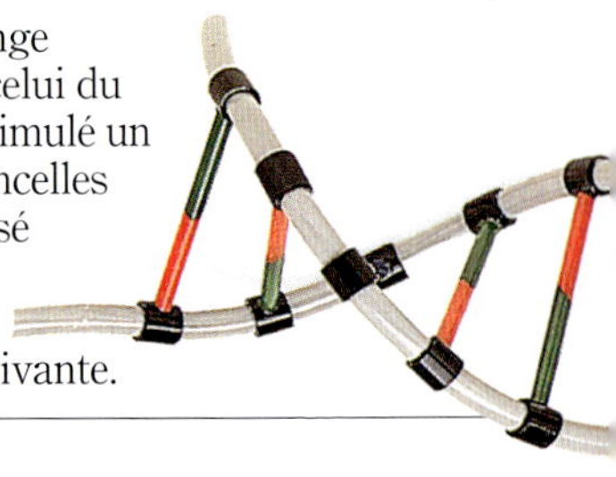

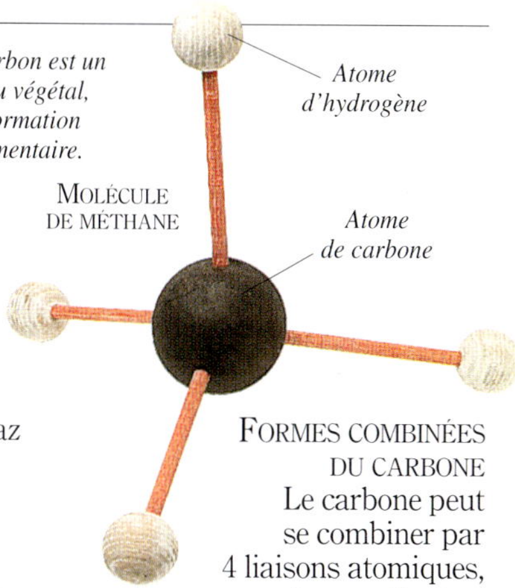

MOLÉCULE DE MÉTHANE

LE CYCLE DU CHARBON
Le charbon d'origine végétale contient du carbone. En brûlant, celui-ci libère du gaz carbonique, assimilé par les plantes lors de la photosynthèse. C'est un constituant fondamental de la matière.

FORMES COMBINÉES DU CARBONE
Le carbone peut se combiner par 4 liaisons atomiques, y compris avec d'autres atomes de carbone. Il est présent chez tous les êtres vivants.

UNE MÉTÉORITE
Cette météorite, fragment de roche et de fer, provient de l'espace. Elle renseigne les scientifiques sur la composition des autres planètes. Cependant, on ignore toujours si la vie existe ailleurs que sur Terre.

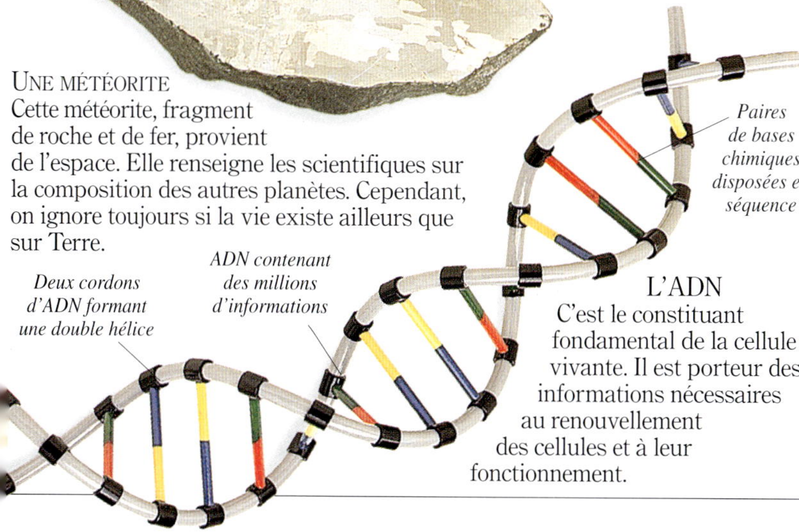

L'ADN
C'est le constituant fondamental de la cellule vivante. Il est porteur des informations nécessaires au renouvellement des cellules et à leur fonctionnement.

Les fossiles

La fossilisation est un processus au cours duquel certains fragments d'animaux (os, carapace, dents...), ou de plantes, se minéralisent. Les fossiles témoignent de l'évolution des organismes.

Les premiers fossiles

Les premiers fossiles remontent au précambrien. Ils renferment des groupes ou colonies d'organismes rudimentaires, les cyanobactéries ou algues bleues.

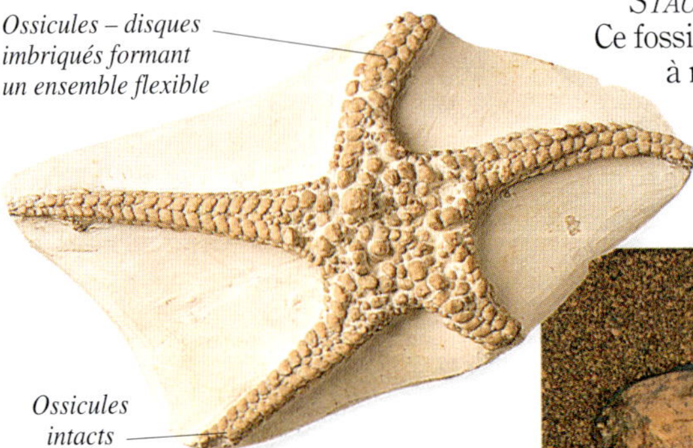

Stauranderaster

Ce fossile, qui ressemble beaucoup à notre étoile de mer, est recouvert de plaques dures – les ossicules – parfaitement conservées en place.

L'homme de la tourbière

Des corps humains dans un état de conservation parfait, dont certains sont âgés de plus de 2 000 ans, ont été mis au jour dans différentes tourbières du nord de l'Europe. L'acidité de la tourbe a empêché la décomposition des organes internes ou de la peau.

Fossile

Un "fossile" vivant

Le cœlacanthe vit près des côtes d'Afrique du Sud. On pensait que ce poisson avait disparu depuis plusieurs millions d'années, jusqu'à sa capture en 1938.

Le processus de fossilisation

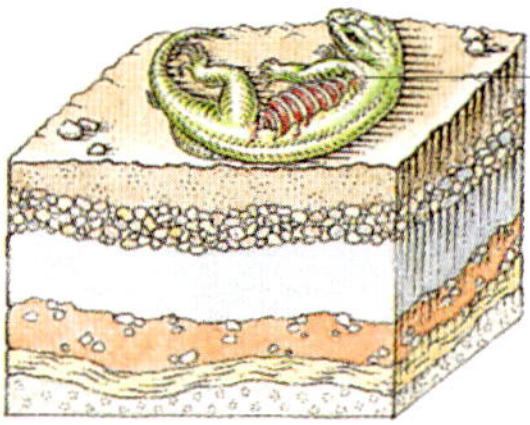

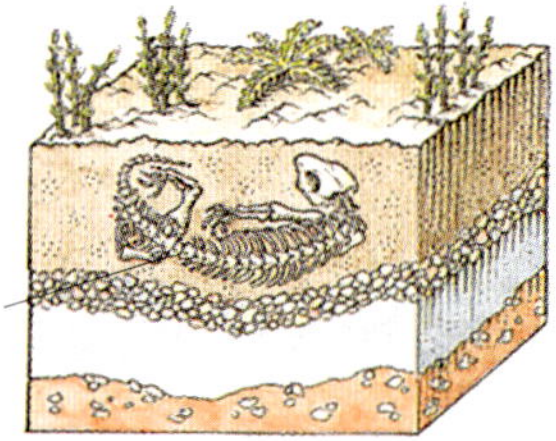

Dépouille de l'animal

Désagrégation des chairs d'une dépouille d'animal et conservation des parties solides (os).

Os enfouis dans le sol

Avec le temps, la terre déposée par le vent ou charriée par l'eau recouvre les os.

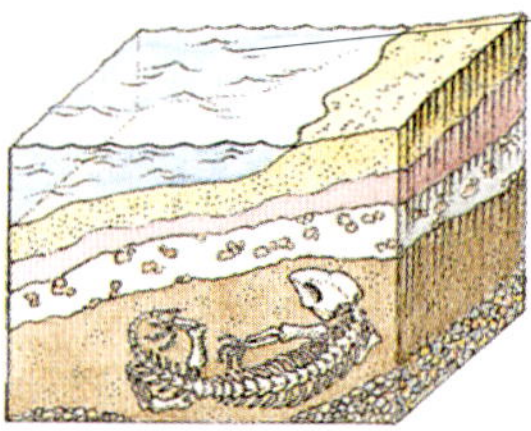

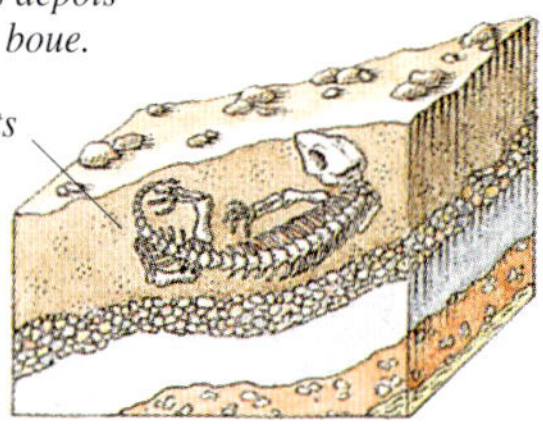

Transformations chimiques

Des sédimentations successives tassent le sol en le solidifiant. La composition chimique des os est modifiée.

Apparition de fossiles

Les conditions atmosphériques et l'érosion, en aplanissant les reliefs, laissent apparaître les fossiles.

L'ÉVOLUTION

Les fossiles révèlent qu'au cours des âges des lignées d'êtres vivants ont subi des transformations et que certaines se sont éteintes. Charles Darwin (1809-1882) a élaboré la théorie de la sélection naturelle selon laquelle seuls les individus les mieux adaptés à leur milieu naturel survivent.

UN MAILLON DE L'ÉVOLUTION
Ce fossile – l'archéoptéryx, qui ressemblait à un dinosaure ailé – est peut-être le maillon entre les reptiles et les oiseaux. Il est fondamental pour la science, car il met en évidence la manière dont une espèce dérive d'une autre.

PINSONS DE DARWIN

INDICES
En visite aux îles Galápagos en 1832, Darwin observe 13 espèces de pinsons. Il remarque que leur bec diffère en fonction de leur régime alimentaire. Il est persuadé que ces oiseaux ont évolué à partir d'un ancêtre commun, venu d'Amérique du Sud.

PINSON DE TERRE À GROS BEC

Bec puissant et massif pour écraser les grosses graines

PINSON CHANTEUR

Bec pointu pour attraper les petits insectes

Petit bec de mangeur d'insectes et de graines

PINSON DES ARBRES À PETIT BEC

Ce pinson utilise un piquant de cactus pour attraper les insectes.

PINSON DES CACTUS

@ Évolution des espèces

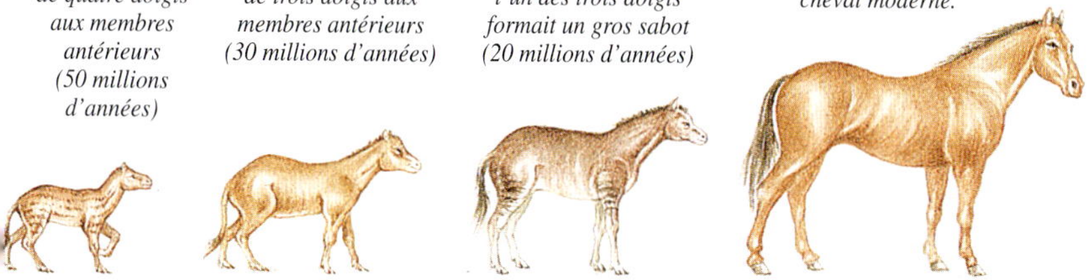

Hyracotherium, *doté de quatre doigts aux membres antérieurs (50 millions d'années)*

Mesohippus, *doté de trois doigts aux membres antérieurs (30 millions d'années)*

Merychippus, *dont l'un des trois doigts formait un gros sabot (20 millions d'années)*

Equus *est le cheval moderne.*

Equus *est doté d'un sabot unique à chaque membre (env. 2 millions d'années).*

L'ÉVOLUTION DU CHEVAL

Hyracotherium est le fossile le plus ancien d'un animal ressemblant au cheval. Ce petit mammifère de la taille d'un chien se nourrissait de feuilles. Progressivement, ses membres se sont allongés et il a adopté un autre régime alimentaire.

LA SÉLECTION NATURELLE

Selon Darwin, l'évolution favorise les individus les mieux adaptés à leur milieu. Au XIXe siècle, en Angleterre, des papillons, les phalènes du bouleau de couleur claire, se raréfient dans les zones industrielles. Ils sont la cible favorite des oiseaux alors que les phalènes noires, pouvant être confondues avec la suie noire qui pollue les arbres, peuvent prospérer.

PHALÈNES DU BOULEAU SUR UNE ÉCORCE CLAIRE

LA SÉLECTION ARTIFICIELLE

Les éleveurs modifient la taille, la couleur et la morphologie d'animaux comme les chevaux, les chiens et les chats par reproduction sélective. Ils ne conservent que les individus ayant certaines qualités.

CHAT DE RACE SPHYNX

Ces chats sont selectionnés pour avoir la peau nue.

L'évolution de l'homme

Les hominoïdes sont un grand groupe de primates comprenant les grands singes et l'homme. L'homme et ses ancêtres directs appartiennent à la famille des hominidés. Parmi les plus anciens fossiles, "Lucy", découverte en Éthiopie, vieille de 3,5 millions d'années, était dotée d'un petit cerveau mais se tenait debout. Les hominidés les plus récents (*Homo*, dont *Homo habilis*, qui utilisait des outils) sont apparus il y a 2 millions d'années.

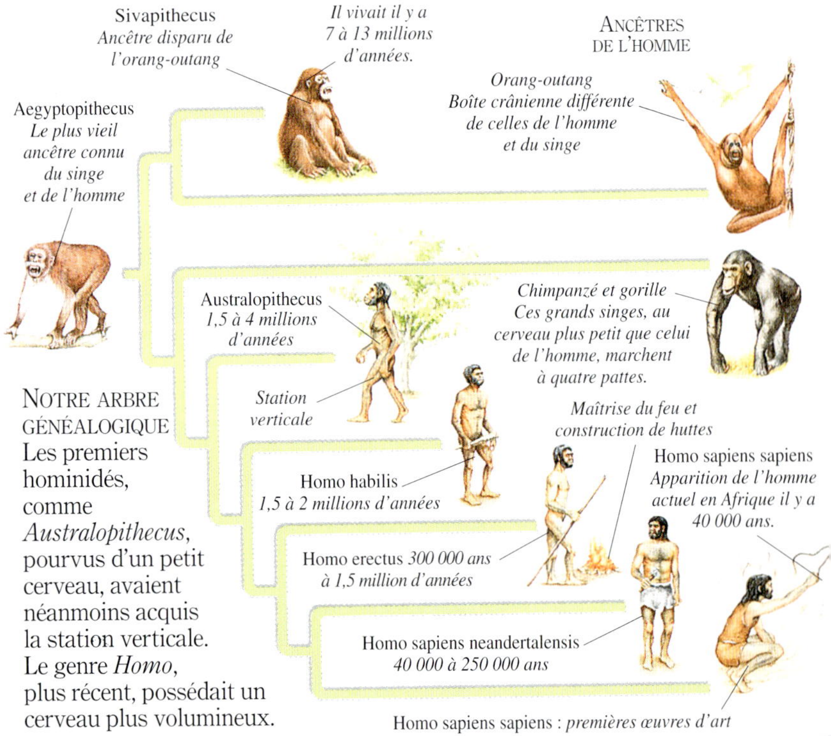

NOTRE ARBRE GÉNÉALOGIQUE
Les premiers hominidés, comme *Australopithecus*, pourvus d'un petit cerveau, avaient néanmoins acquis la station verticale. Le genre *Homo*, plus récent, possédait un cerveau plus volumineux.

LES SQUELETTES
Les gorilles marchent sur leurs membres antérieurs et postérieurs. Le squelette de l'homme est adapté à la station debout. Son gros orteil est droit, facilitant la marche. L'orteil recourbé du gorille lui permet de s'agripper.

EMPREINTES DE PAS HUMAINS
En 1977, Mary Leakey, paléontologue britannique, découvre en Afrique dans de la cendre volcanique les empreintes de trois hominidés, datant de 4 millions d'années environ.

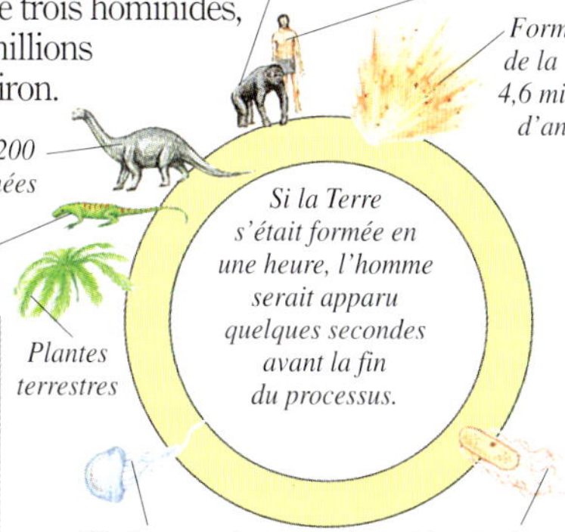

PÉRIODES D'APPARITION DE L'HOMME	
Originaire d'Afrique, l'homme s'est répandu tardivement dans d'autres parties du globe.	
RÉGION	PÉRIODE D'APPARITION
Australie	Au moins 40 000 ans
Europe	Au moins 35 000 ans
Amérique du N.	Au moins 12 000 ans
Madagascar	Moins de 2 000 ans
Nouvelle-Zélande	1 000 ans

LE CALENDRIER DE L'ÉVOLUTION
Les premières formes de vie apparaissent sur Terre il y a 3,8 milliards d'années. L'apparition des premiers hominidés ne remonte qu'à 5 millions d'années environ.

Les temps géologiques

Les premières formes de vie apparaissent il y a environ 3,8 milliards d'années. Plantes et animaux plus complexes ont évolué durant les derniers 600 millions d'années. Les dinosaures ont cédé la place à d'autres espèces animales. La Terre elle aussi change : sa croûte rocheuse est en mouvement et son climat se modifie.

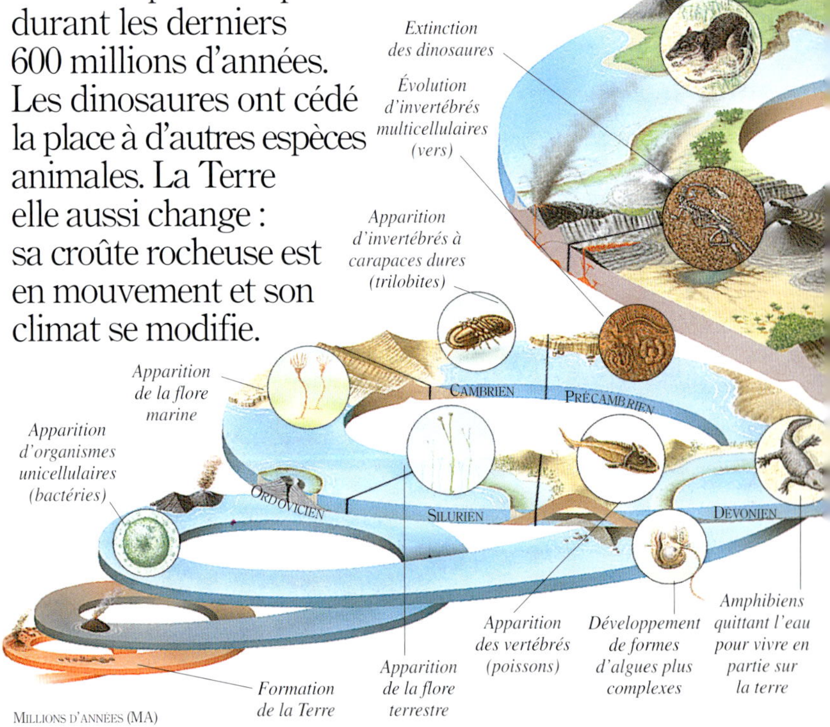

Millions d'années (MA)

4 600 MA	570	500	435	395	345	320	288
Précambrien	Cambrien	Ordovicien	Silurien	Dévonien	Mississippien inférieur	Pennsylvanien supérieur	
					Carbonifère		
	Paléozoïque						

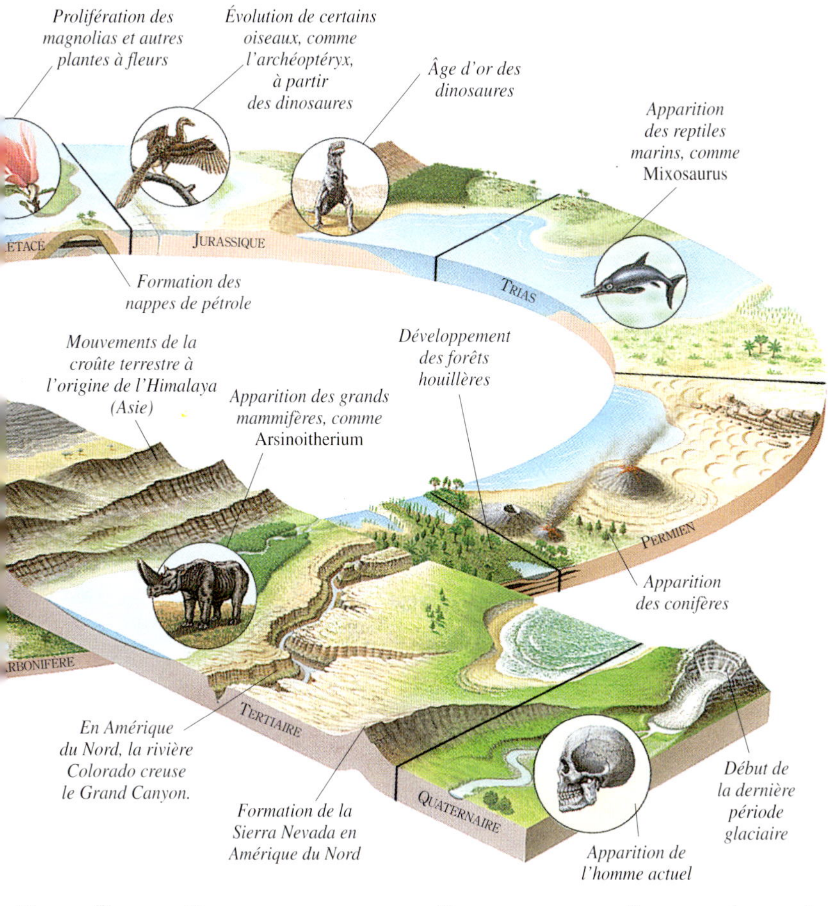

280	230	195	141	65	2	0
PERMIEN	TRIAS	JURASSIQUE	CRÉTACÉ	TERTIAIRE	QUATERNAIRE	
	MÉSOZOÏQUE			CÉNOZOÏQUE		

MICRO-ORGANISMES ET PLANTES

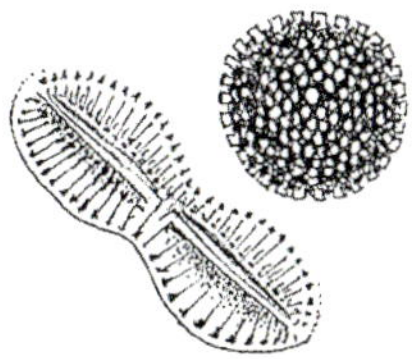

LA VIE MICROSCOPIQUE

Il existe de nombreuses formes de vie unicellulaire, visibles uniquement au microscope, parmi lesquelles des milliards de bactéries et de virus, vivant pour certains dans le corps humain. Un autre groupe de micro-organismes, les protistes, sont également unicellulaires.

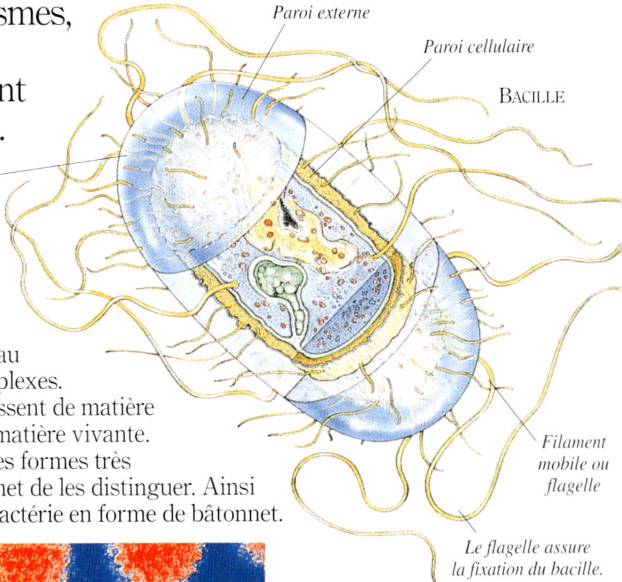

LES BACTÉRIES
Elles comportent une paroi externe rigide et sont dépourvues de noyau ou d'organites complexes. Certaines se nourrissent de matière morte, d'autres de matière vivante. Les bactéries ont des formes très variées, ce qui permet de les distinguer. Ainsi un bacille est une bactérie en forme de bâtonnet.

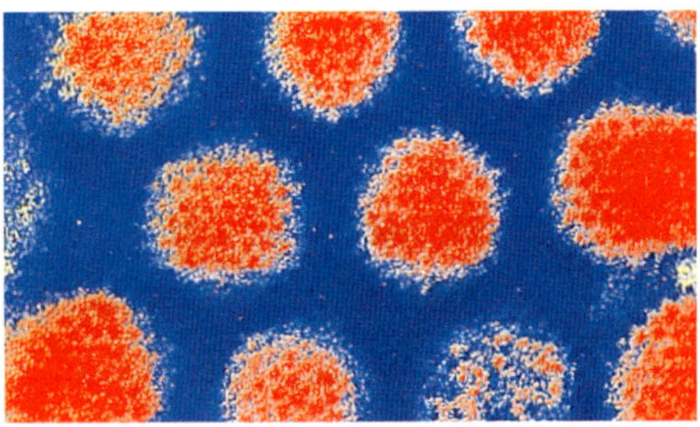

LE VIRUS DU RHUME
Bien qu'appelé micro-organisme, le virus n'est pas vraiment un organisme vivant, car il ne peut se reproduire sans l'aide de cellules vivantes. Les virus sont à l'origine des rhumes, grippes et autres maladies comme le sida.

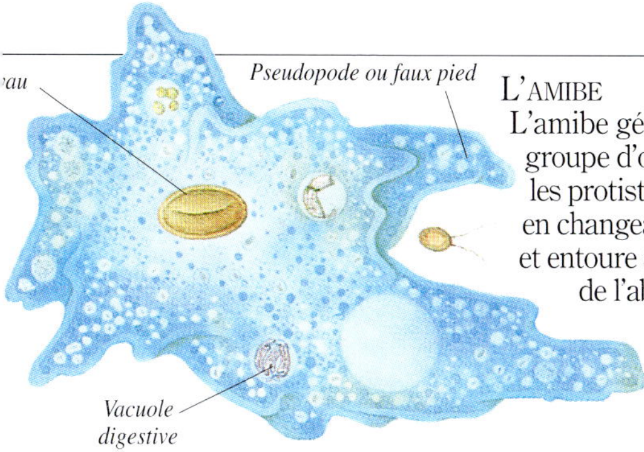

L'AMIBE

L'amibe gélatineuse appartient à un groupe d'organismes unicellulaires – les protistes. Elle se déplace en changeant constamment de forme, et entoure sa nourriture avant de l'absorber. Celle-ci est stockée puis digérée dans une cavité, la vacuole alimentaire.

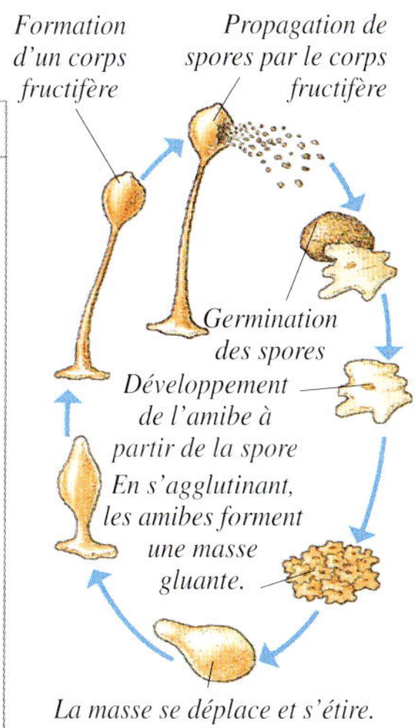

La masse se déplace et s'étire.

CYCLE DE VIE D'UNE MOISISSURE

La moisissure visqueuse se reproduit de manière originale. Les amibes agglutinées se dirigent vers la lumière, formant un long corps fructifère qui libère des spores. Celles-ci engendrent de nouvelles amibes.

CELLULES

CELLULE ANIMALE

La membrane souple qui l'entoure ne laisse pénétrer que certains composants chimiques. Le noyau est le cerveau de la cellule, et le cytoplasme, gelée dans laquelle il baigne, contient de minuscules organites aux fonctions spécifiques.

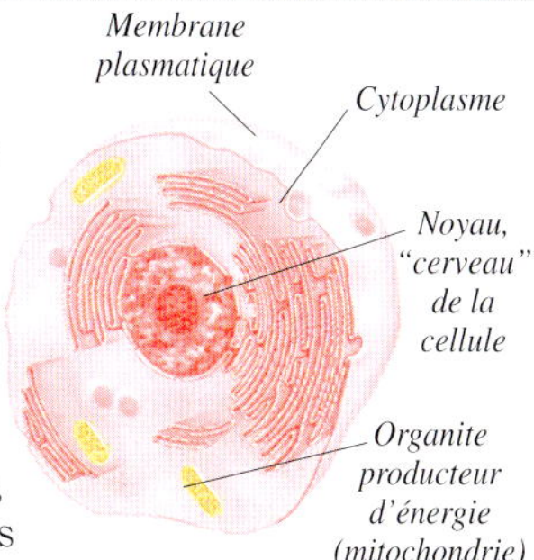

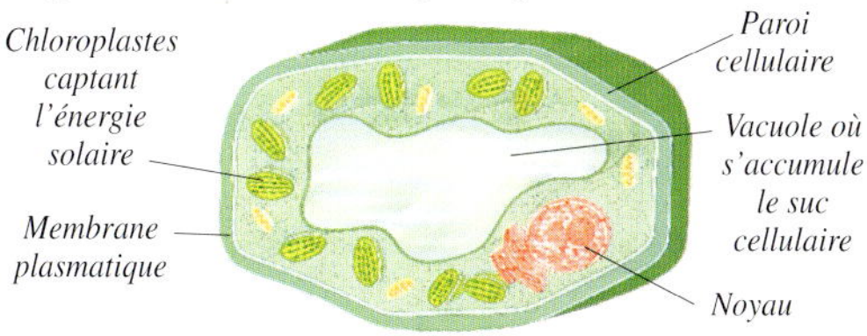

CELLULE VEGÉTALE

La cellule végétale diffère fondamentalement de la cellule animale : en plus de la membrane plasmatique qui l'entoure, elle possède une paroi cellulaire rigide et contient des organites verts, les chloroplastes.

Champignons et lichens

Ni plante, ni animal, ils forment un règne à part dans lequel entrent les moisissures et les levures. Ils sont souvent constitués de minuscules filaments (hyphes) agglomérés qui forment de gros corps fructifères. Le lichen est l'association d'un champignon et d'une algue.

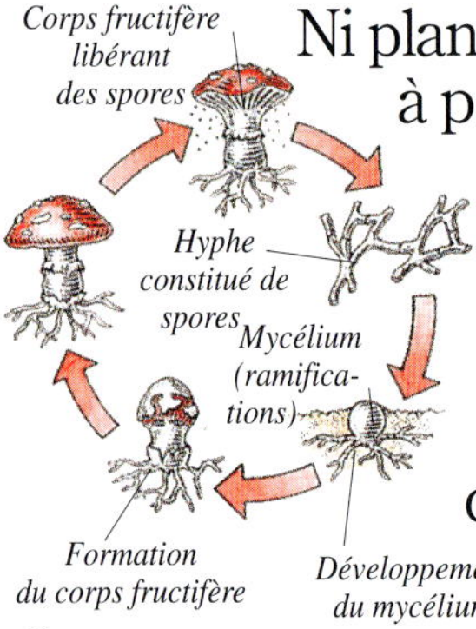

LE CYCLE DE VIE D'UN CHAMPIGNON
Durant presque toute sa vie, le champignon est constitué d'un réseau de filaments. Le champignon porte des corps fructifères qui libèrent des spores.

AMANITE TUE-MOUCHE (VÉNÉNEUX)

UNE LEVURE EN BOURGEON
Ce champignon unicellulaire microscopique se multiplie par bourgeonnement, un processus durant lequel des chapelets de cellules se forment à partir de la cellule mère.

CHAMPIGNON À CHAPEAU
La formation d'un corps fructifère fait partie du cycle de reproduction de la plupart des champignons. Les spores, formées dans les lamelles, se répandent quand les conditions sont propices.

@ Champignon

Le corps fructifère de la vesse-de-loup projette ses spores.

LA VESSE-DE-LOUP

Au début de sa vie, ce champignon est une boule de cellules compactes. Le dessèchement progressif des cellules le fait ensuite ressembler à une outre parcheminée. Au contact de la pluie ou d'un animal, un nuage de spores très léger se libère et est transporté au loin.

LE SAVIEZ-VOUS?

- Le champignon *Penicillium notatum* produit un antibiotique célèbre, la pénicilline.
- Une vesse-de-loup géante peut libérer 7 millions de spores.
- La présence d'un champignon est indispensable à la germination de certaines orchidées.

TYPES DE LICHENS

Le lichen n'est pas une plante : il résulte de l'association d'un champignon et d'une algue. Il pousse sur les roches et les troncs d'arbres. Le champignon dissout des substances indispensables pour l'algue, laquelle lui fournit la nourriture obtenue par photosynthèse. Il existe cinq formes de lichens – trois sont ici représentés : foliacé (feuilles plates), crustacé (croûtes minces) et mixte ou écailleux.

Algues et plantes primitives

Les algues, dépourvues de feuilles et de fleurs, vivent partout où il y a de l'eau. Les hépatiques et les mousses, parmi les plus anciennes plantes terrestres, poussent dans des lieux humides et ombragés. Les fougères et les prêles sont parmi les premières plantes vasculaires (c'est-à-dire pourvues de vaisseaux conduisant les éléments nutritifs) à avoir existé.

Quelques algues

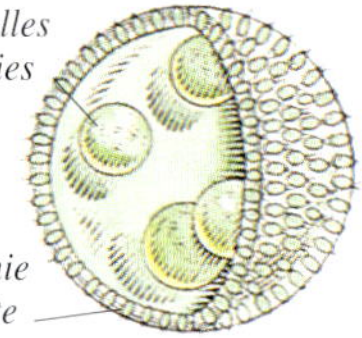

Volvox
Algue d'eau douce, microscopique, multicellulaire, fréquente dans les étangs.

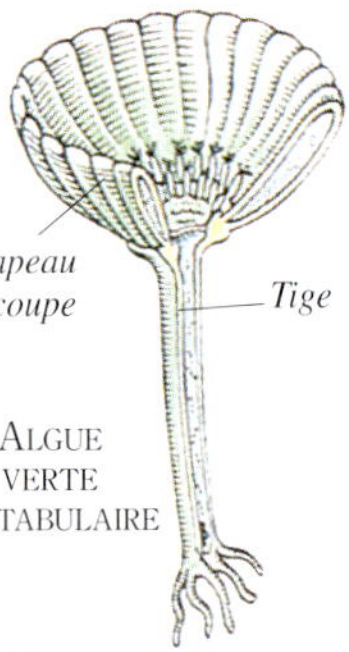

Acétabulaire
Algue marine unicellulaire vivant en eau peu profonde.

Le goémon
C'est une algue marine multicellulaire qui ressemble à une plante. Il se fixe sur les fonds du littoral, et sa fronde capte l'énergie solaire.

L'hépatique est une plante rase.

L'HÉPATIQUE

L'hépatique pousse dans des zones humides et ombragées. Comme les mousses, elle appartient au groupe des bryophytes, des végétaux sans véritables tiges, feuilles ou racines. Elle ressemble à un ruban plat. Son cycle de vie, comme celui des fougères, se déroule en deux étapes.

UNE BÛCHE RECOUVERTE DE MOUSSE

Plantes rudimentaires préférant les zones humides, les mousses possèdent des rhizoïdes filiformes faisant office de racines. Dépourvues d'éléments conducteurs de sève, ce ne sont pas des plantes vasculaires.

La mousse abonde sur le bois vermoulu.

LE CYCLE DE VIE D'UNE FOUGÈRE

Il se déroule en deux étapes. La plante (sporophyte) donne des spores, qui deviennent de minuscules gamétophytes. Ceux-ci produisent des cellules mâles et femelles (gamètes), qui vont fusionner pour donner une nouvelle plante.

Rameaux filiformes disposés en verticille

FRONDE DE FOUGÈRE

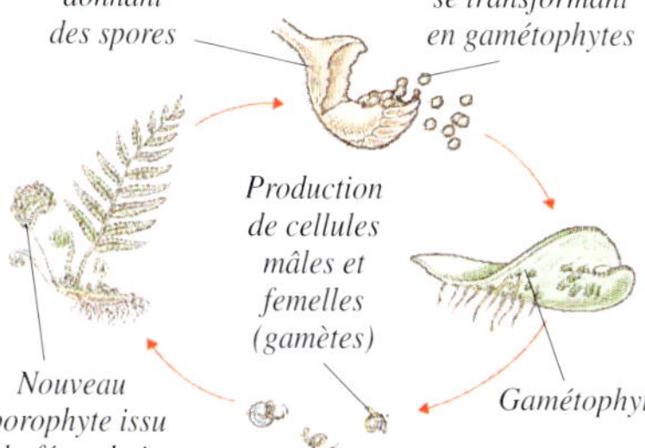

LA PRÊLE

Cette très ancienne plante des lieux humides se reproduit en libérant des spores. Elle a une tige souterraine rampante (rhizome).

LES CONIFÈRES

Les pins, les cèdres et les cyprès sont des conifères de l'embranchement des gymnospermes. Ces plantes terrestres ont été les premières à se reproduire au moyen de graines se développant généralement dans des cônes durs et ligneux. La plupart, dont le sapin et le pin, ont des feuilles persistantes qui ne tombent pas à l'automne. Ils demeurent verts toute l'année.

Aiguilles disposées en rosette

CÈDRE DE L'ATLAS

Aiguilles dotées d'une membrane épaisse et cireuse

Aiguilles effilées limitant la déperdition d'eau

PIN AROLLE

Rameau à cinq aiguilles

Aiguilles triangulaires, dures et piquantes

ARAUCARIA

ÉCAILLES ET AIGUILLES

Les feuilles des conifères sont dans l'ensemble vert foncé, dures, fines et couvertes d'un enduit cireux qui limite la déperdition d'eau. Les longues feuilles effilées du pin, du sapin et du cèdre portent le nom d'aiguilles ; celles du cyprès, courtes et plates, d'écailles. Les conifères, surtout les pins, sont parfaitement adaptés aux climats secs ou au gel.

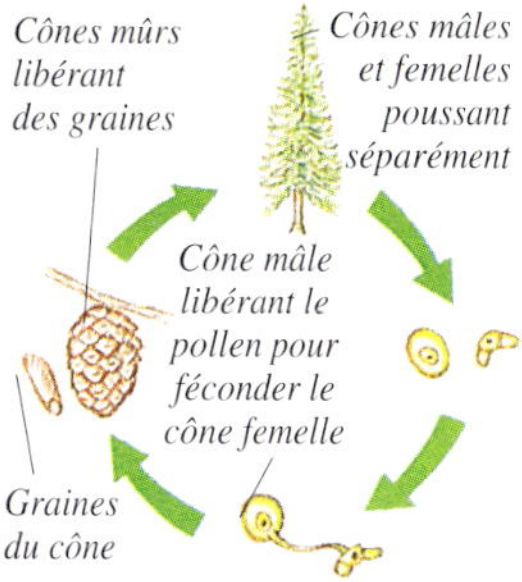

CYCLE DE VIE D'UN CONIFÈRE
Le pollen du cône mâle féconde le cône femelle qui produit des graines.

LES CONIFÈRES LES PLUS GRANDS ET LES PLUS GROS

LE PLUS GRAND
Le séquoia de Californie est l'arbre le plus grand du monde (112 m).

LE PLUS GROS
Le séquoia géant atteint 27 m de circonférence et peut vivre 3 400 ans.

LE CÔNE DE CÈDRE
Les écailles des graines se détachent du cône mûr et celui-ci se désagrège sur l'arbre.

LE CÔNE DU PIN SYLVESTRE
Arrivé à maturité, le cône femelle de ce pin s'ouvre et les graines s'éparpillent dans l'air.

L'AMBRE
Pour se protéger des insectes, certains conifères produisent de la résine. C'est ainsi que des insectes préhistoriques ont été conservés dans de la résine fossilisée, l'ambre.

LES PLANTES À FLEURS

Les plantes à fleurs sont les plus répandues sur Terre. Présentes dans de nombreux habitats, des montagnes aux déserts, on en compte plus de 250 000 espèces. La plupart, dotées de feuilles vertes, se nourrissent par photosynthèse et poussent dans le sol.

Fleurs réduites à des épines

LES CACTACÉES
Les cactus vivent dans des milieux arides. Ils conservent l'eau dans leur tige charnue.

Fleurs à cinq pétales

LES LÉGUMINEUSES
Parmi les légumineuses, on trouve des plantes potagères comme les haricots et les pois. Leurs fleurs à cinq pétales donnent un fruit, la gousse, qui contient une ou plusieurs graines.

LE SAVIEZ-VOUS ?

- Le palmier tallipot *Corypha umbraculifera* meurt après sa floraison, à l'âge de 100 ans.
- La pomme de terre appartient à la famille du tabac et de la belladone, qui comprend beaucoup de plantes vénéneuses.

LES GRAMINÉES
Ce sont les plantes à fleurs les plus répandues. Un grand nombre sont cultivées pour leurs graines (céréales), dont le blé, le riz, le maïs et l'avoine.

@ Plante à fleur

LES FAGACÉES

Les fagacées, dont font partie le châtaignier, le chêne et le hêtre, donnent des fruits à écorce dure (châtaignes, glands, faines). Dans l'hémisphère Nord, les arbres de cette famille approvisionnent l'industrie du bois.

LES ROSACÉES

Cette famille, qui regroupe les rosiers, les pommiers, les cerisiers, les fraisiers..., comprend 3 100 espèces, dont beaucoup sont des arbres ou des arbustes. Leurs fleurs ont souvent 4 ou 5 pétales.

LES PLUS GRANDES FAMILLES DE PLANTES À FLEURS		
NOM SCIENTIFIQUE	NOM VULGAIRE	NOMBRE D'ESPÈCES
Asteraceae	Famille des marguerites	25 000
Orchidaceae	Famille des orchidées	18 000
Fabaceae	Famille des pois	17 000
Poaceae	Famille des graminées	9 000
Rubiaceae	Famille du caféier	7 000
Euphorbiaceae	Famille des euphorbes	5 000
Cyperaceae	Famille des joncs	4 000

LES ORCHIDACÉES

Deuxième plus grande famille de plantes à fleurs, les orchidacées possèdent des fleurs qui attirent les insectes pollinisateurs et vivent en symbiose avec un champignon indispensable à leur développement.

Plantes et feuilles

La tige, support des bourgeons, des feuilles et des fleurs, contient des cellules qui portent les nutriments dans toute la plante. Les racines fixent la plante au sol et y puisent l'eau et les minéraux. Les feuilles captent l'énergie solaire pour produire la sève élaborée.

FEUILLES

FORMES DES FEUILLES
Une feuille simple possède un seul limbe, une feuille composée plusieurs folioles. Dans une feuille composée bipennée, les folioles sont elles-mêmes divisées.

SIMPLE

BIPENNÉE

LINÉAIRE

PALMÉE

PENNÉE

COMPOSÉE

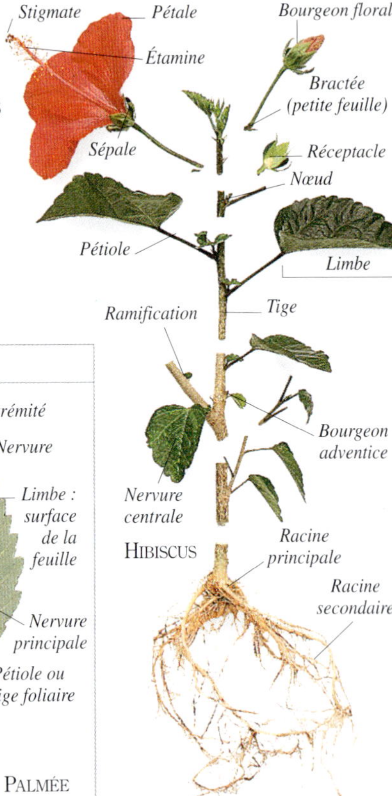

HIBISCUS

L'ANATOMIE D'UNE PLANTE
La partie visible de la plante la pousse – comprend la tige qui porte les bourgeons (embryons de rameau), les feuilles et les fleurs. Elle croît en direction de la lumière. Les racines fixent la plante dans le sol et y puisent l'eau.

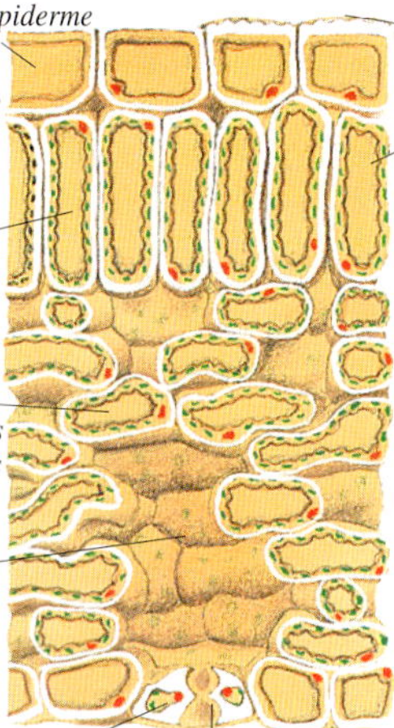

COUPE D'UNE FEUILLE
La feuille est pourvue d'une fine membrane, l'épiderme, lequel est souvent recouvert d'une pellicule de cire, la cuticule, ou de duvet. Sous l'épiderme se trouvent les cellules mésophylles et les vacuoles d'air.

DES FEUILLES COLORÉES
Des transformations chimiques parent de couleurs vives les feuilles caduques avant leur chute.

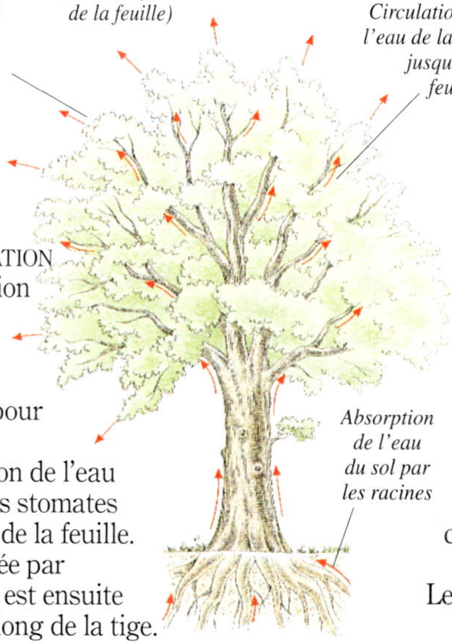

TRANSPIRATION
La circulation de l'eau dans la plante est constante pour compenser l'évaporation de l'eau à travers les stomates – les pores de la feuille. L'eau, puisée par les racines, est ensuite pompée le long de la tige.

XYLÈME ET PHLOÈME
Le xylème est formé de cellules conduisant eau et minéraux (sève brute) des racines aux feuilles. Le phloème transporte les matières nutritives dans toute la plante.

LA PHOTOSYNTHÈSE

Ce processus qui utilise l'eau et le gaz carbonique permet aux plantes de fabriquer leurs aliments. L'énergie lumineuse emmagasinée par la chlorophylle, pigment contenu dans les feuilles, à l'origine de leur couleur, est transformée en énergie chimique. L'oxygène est rejeté lors de ce processus.

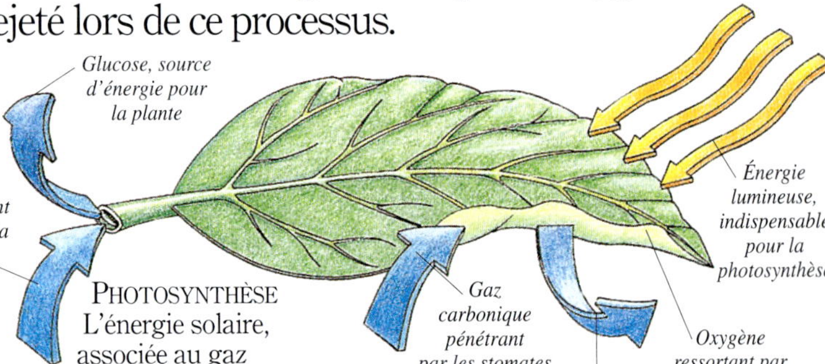

PHOTOSYNTHÈSE
L'énergie solaire, associée au gaz carbonique et à l'eau, fournit à la plante le glucose dont elle se nourrit. L'oxygène est un sous-produit de la photosynthèse.

LE SAVIEZ-VOUS ?

- Sans photosynthèse, il n'y aurait pas d'oxygène dans l'atmosphère.
- Chaque année, les plantes font la synthèse de 100 milliards de tonnes de glucose, grâce à l'énergie solaire.

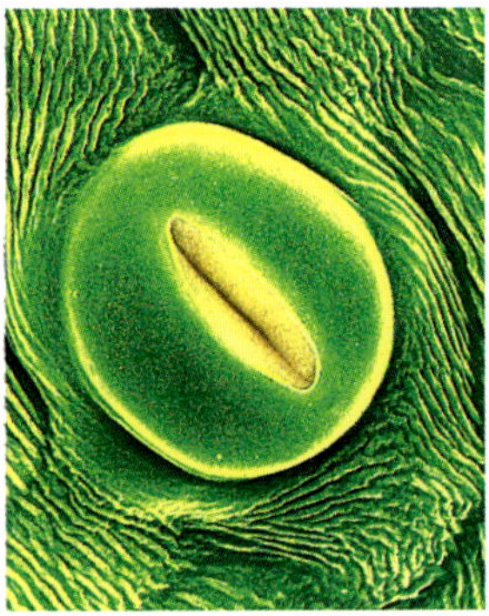

LES STOMATES
La face inférieure de la feuille est constellée de minuscules pores, les stomates, constitués de deux cellules – les gardes – ménageant une petite ouverture permettant les échanges de gaz carbonique et d'oxygène.

@ Photosynthèse

Coupe d'un chloroplaste

Cet élément cellulaire, situé principalement dans les feuilles, est le siège de la photosynthèse. Il contient la chlorophylle, pigment vert qui absorbe l'énergie de la lumière solaire.

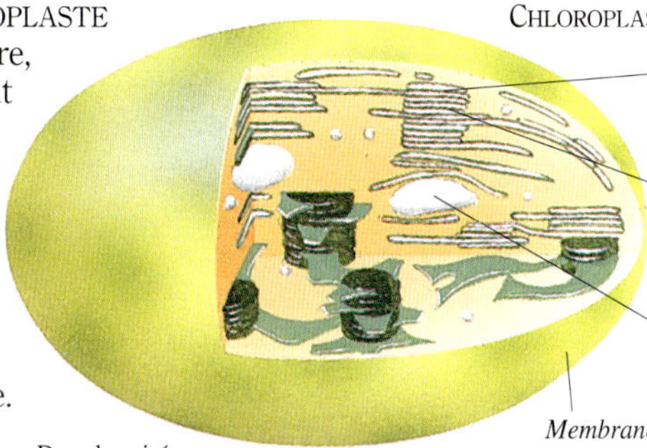

Photosynthèse et respiration

Dans la journée, les plantes produisent leur nourriture par photosynthèse. La nuit, la photosynthèse cesse : les plantes décomposent les aliments en absorbant l'oxygène et en rejetant du gaz carbonique.

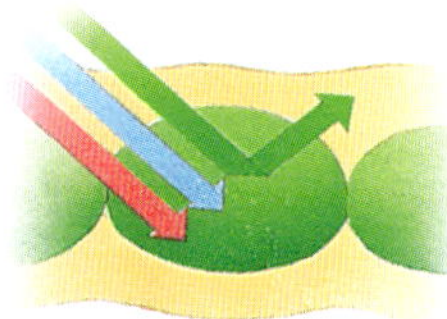

La chlorophylle

La chlorophylle est contenue dans les chloroplastes. Quand une plante est éclairée, les radiations rouges et bleues sont absorbées et la lumière verte réfléchie, d'où la couleur de la plante.

La dionée

Certaines plantes carnivores des sols acides et tourbeux se nourrissent par photosynthèse, mais aussi en ingurgitant de petites proies. La dionée est un véritable piège à insectes.

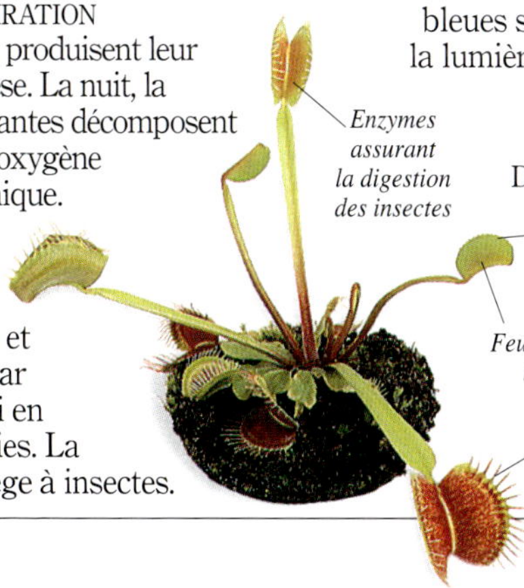

LA CROISSANCE DES PLANTES

En grandissant, la plante absorbe plus de lumière et ses racines s'enfoncent pour puiser dans le sol eau et éléments nutritifs. Parvenue à maturité, la plante se reproduit, entre autres moyens, grâce à ses fleurs. Nombre de plantes font des réserves pour la prochaine période de croissance.

CYCLES DE VIE DE LA PLANTE

TOUTES LES PLANTES À FLEURS

PLANTE ANNUELLE OU BISANNUELLE
Vit une ou deux saisons.

PLANTE HERBACÉE (NON LIGNEUSE)
Meurt après sa floraison (2e année).

ARBRE
Tronc unique aux ramifications élevées.

PLANTE VIVACE
Vit plusieurs années.

PLANTE LIGNEUSE
Sa partie aérienne ne mourant pas, elle peut devenir très haute.

BUISSON
Pas de tronc unique, bouquet de branches basses.

1 GERMINATION Une fois l'enveloppe de la graine ouverte et ses racines fixées dans le sol, la première pousse croît vers la lumière.

2 CROISSANCE Les zones de croissance se situent aux extrémités de la tige et de la racine de la plante.

3 JEUNE PLANT Les feuilles produisent la sève élaborée. Les racines puisent eau et nutriments (sève brute).

Reproduction sans graines

De nombreuses plantes, dont le fraisier, se reproduisent en développant des tiges rampantes – les stolons – qui donnent naissance à une plante indépendante.

Organe de réserve

Patate douce

La patate douce possède une racine renflée, le tubercule, qui lui sert à stocker des aliments d'une saison à l'autre.

Jacinthe

La jacinthe possède un organe de réserve qui assurera le début de sa croissance, le bulbe, constitué de couches d'écailles charnues.

Croissance des arbres

Anneaux de l'arbre

Le bois est un matériau résistant constitué de couches de cellules xylémiques que renforce une substance appelée lignine. Chaque période de croissance voit la formation d'un nouvel anneau de xylème.

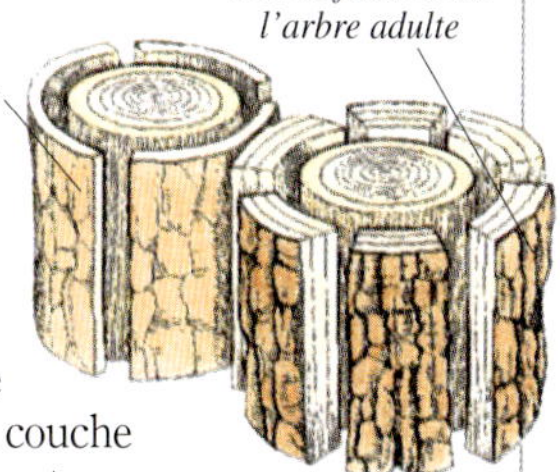

Écorce

C'est le revêtement de la tige d'une plante ligneuse. Sa couche superficielle est une matière morte qui recouvre des cellules vivantes, le phloème. Les échanges gazeux s'effectuent par de minuscules pores, les lenticelles.

Les fleurs

Les fleurs, composées d'organes mâles et femelles insérés dans des pétales, parfois très colorés et parfumés pour attirer les insectes, permettent aux plantes d'être pollinisées et de produire des graines. L'organe mâle (étamine) élabore le pollen ; l'organe femelle (pistil) fabrique les graines.

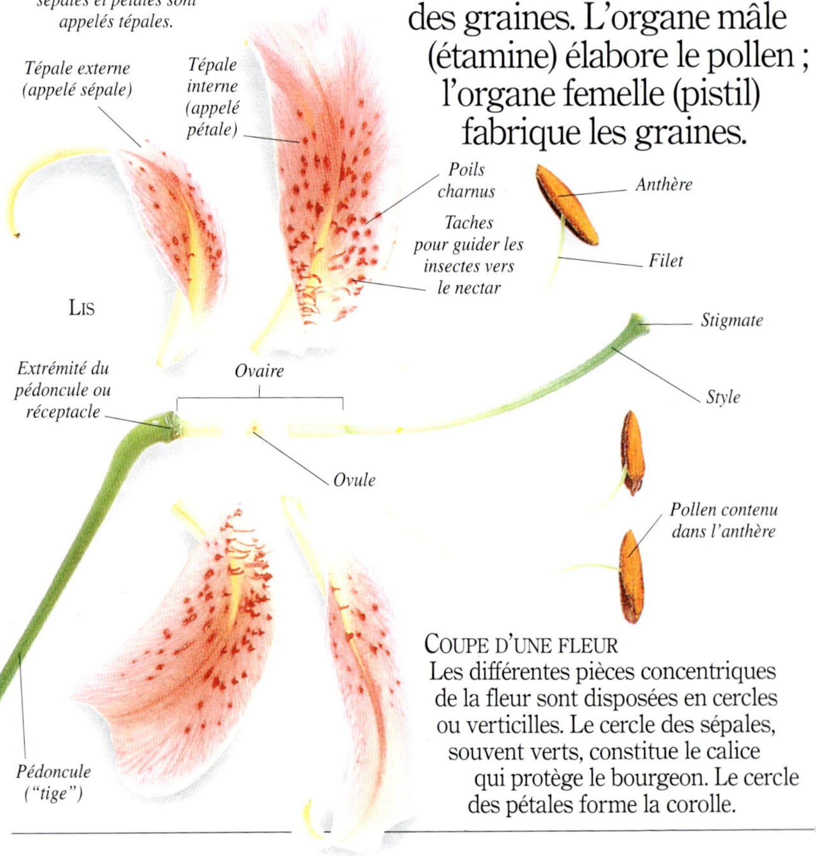

Coupe d'une fleur

Les différentes pièces concentriques de la fleur sont disposées en cercles ou verticilles. Le cercle des sépales, souvent verts, constitue le calice qui protège le bourgeon. Le cercle des pétales forme la corolle.

Fleur

LA FLEUR GÉANTE
La rafflesia, la plus grande fleur du monde, peut atteindre 105 cm d'envergure et peser 7 kg. Elle est menacée du fait de la destruction de son habitat, les forêts tropicales de Sumatra.

CAPITULE

OMBELLE

ÉPI

GRAPPE

L'INFLORESCENCE
C'est la disposition des fleurs sur la tige. Le capitule (fleurs composées, comme le tournesol) comprend de nombreuses fleurs réunies en groupe dense. L'épi (graminées) est constitué de fleurs fixées directement sur le pédoncule. Dans la grappe (comme le lupin), les fleurs sont reliées au pédoncule par un pédicelle.

PLANTES À FLEURS MENACÉES

Sur quelque 300 000 espèces identifiées, environ 6 % sont menacées par des prélèvements excessifs ou par la destruction de leur habitat. Voici quelques exemples d'espèces en danger.

CONTINENT	ESPÈCES	DANGERS
Amérique du Nord	Cactus saguaro *Carnegia gigantea*	Cueillette excessive
Amérique du Sud	Palmier chilien *Juba chilensis*	Défrichement
Afrique	Violette africaine *Saintpaulia ionantha*	Déforestation
Asie	Orchidée *Paphiopedilum rothschildianum*	Cueillette excessive
Europe	Lis Madonna *Lilium candidum*	Cueillette excessive
Australie	Pince-de-homard *Clianthus puniceus*	Mise en pâturage

LA POLLINISATION

Pour produire des graines, une plante doit être pollinisée. Les animaux, notamment les insectes, le vent ou l'eau réalisent cette tâche. Le pollen est transporté de l'organe mâle d'une fleur à l'organe femelle d'une autre fleur de la même espèce.

TOURNESOL SOUS ULTRAVIOLETS

Pétales externes clairs

LA POLLINISATION ANIMALE

Lorsqu'une abeille visite une fleur, le pollen se dépose sur son corps. En butinant des fleurs de la même espèce, elle disséminera les grains de pollen avant de ramener le nectar à la ruche.

L'ATTRACTION DES INSECTES

Sous des rayons ultraviolets, le cœur du tournesol est sombre et sa périphérie pâle. Les abeilles, sensibles au contraste, se dirigent vers le centre moins lumineux, plus riche en nectar.

BOURDON SUR UNE ROSE

Pollen stocké dans des poches situées sur les pattes de l'abeille

Abeille récoltant le nectar à l'intérieur de la fleur

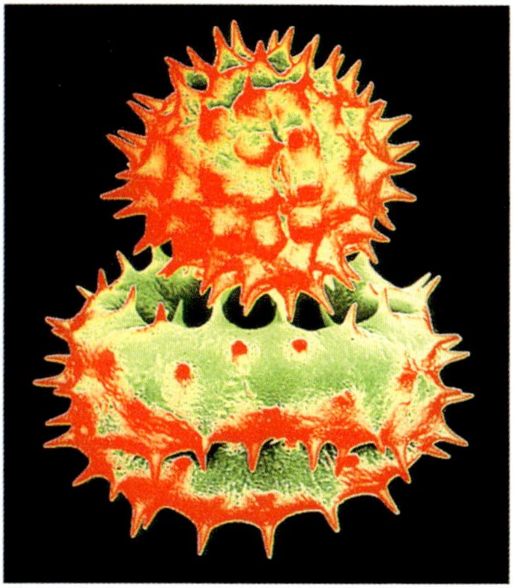

LES GRAINS DE POLLEN

Ces grains de pollen sont très agrandis. Dans la nature, ils ressemblent à des particules de poussière jaune. Ils sont produits par l'anthère renfermant les cellules mâles de la fleur.

LA POLLINISATION PAR LE VENT

Les fleurs des plantes pollinisées par le vent sont souvent petites et ternes. Une fois adultes, leur pollen devient sec et poudreux. Dispersé par le vent, il ira se déposer dans d'autres fleurs. De nombreuses graminées sont ainsi pollinisées.

CHÂTAIGNIER (MÂLE)

COLIBRI DE LA FORÊT TROPICALE AMAZONIENNE

LE COLIBRI

Certaines fleurs sont pollinisées par des oiseaux ou des chauves-souris. L'oiseau venu boire le nectar au cœur de la fleur recueille des grains de pollen sur ses ailes, qu'il transportera dans d'autres fleurs.

LE SAVIEZ-VOUS ?

- Le pollen de la vallisnérie, une plante aquatique, se déplace en flottant pour féconder les plantes femelles.
- Une orchidée de Madagascar est pollinisée par un papillon muni d'une trompe de 30 cm de long.

FÉCONDATION ET FRUCTIFICATION

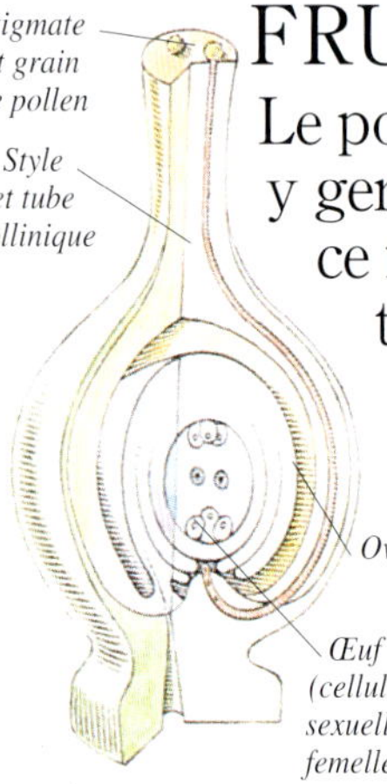

Le pollen mis en contact avec le stigmate y germe et va féconder l'ovule. Pour ce faire, les noyaux des grains de pollen transitent par le tube pollinique pour atteindre l'ovule de la plante, dans l'ovaire, où se formera le fruit.

LA FÉCONDATION

Lorsqu'un grain de pollen rencontre le stigmate d'une fleur, il produit un tube très fin qui descend le long du style jusque dans l'ovaire pour pénétrer l'ovule.

LE SAVIEZ-VOUS ?

- La graine du palmier coco de mer est la plus grosse : le fruit qui la contient pèse 20 kg.
- La graine d'orchidée est la plus petite. Un million d'entre elles ne pèse qu'un gramme.

CROISSANCE D'UN FRUIT CHARNU

FLORAISON
Le parfum et les couleurs de la fleur attirent les pollinisateurs.

GONFLEMENT DE L'OVAIRE
Les étamines se dessèchent et l'ovaire grossit quand l'ovule se développe en graine.

MATURATION DU FRUIT
En grossissant, l'ovaire change de couleur et sa paroi s'épaissit.

FRUIT MÛR
Chaque ovaire, qui ne contient qu'une graine, prend une couleur foncée en mûrissant.

LE CITRON
Le citron est un fruit juteux. Sa couleur vive attire les animaux, qui le mangent et dispersent ainsi ses graines.

FIGUE
La pulpe de ce “faux fruit” renferme de minuscules fleurs productrices de graines.

DISPERSION DES GRAINES

BARDANE
L’enveloppe du fruit de la bardane est couverte de longs crochets ; les fruits adhèrent aux poils des animaux, qui les disséminent.

SYCOMORE
Le fruit sec de ce sycomore est plat et allongé. Sa forme bipennée permet au vent de le transporter.

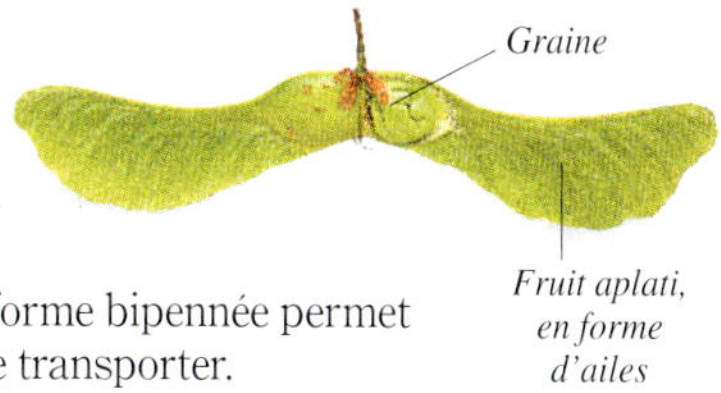

POIS
La gousse, appelée aussi légume, s’ouvre des deux côtés pour libérer ses graines.

LA CHÂTAIGNE
Les châtaignes, fruits secs à coque dure, sont dits indéhiscents – ils ne s’ouvrent pas spontanément.

LA FRAISE
La fraise est le réceptacle charnu de la fleur, couvert d’akènes, petits fruits secs à graine unique.

MONNAIE-DU-PAPE
Ce fruit sec est déhiscent : il s’ouvre pour libérer les graines qui seront disséminées par le vent.

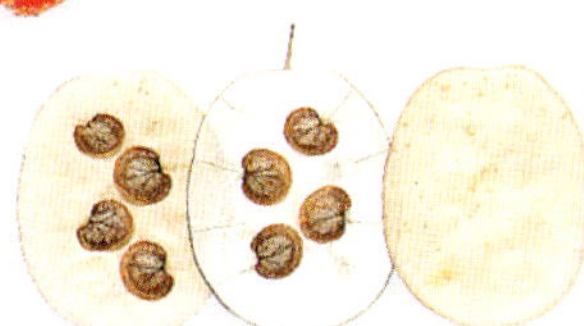

LES ANIMAUX

LES INVERTÉBRÉS PRIMITIFS

Les invertébrés sont dépourvus d'épine dorsale. Ils constituent plus des 9/10 des espèces animales. Ce sont souvent de petits animaux aquatiques sédentaires.

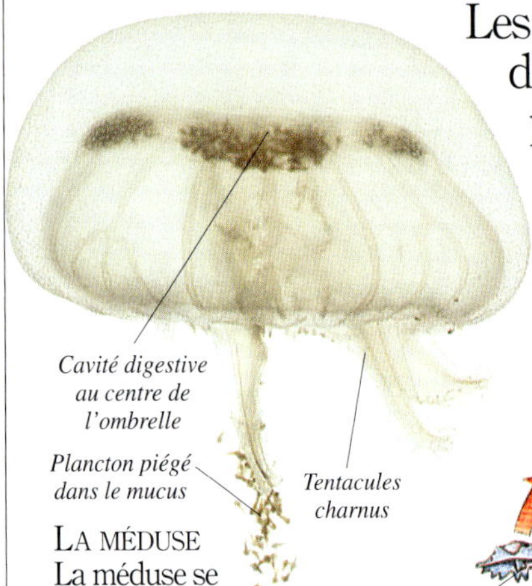

LA MÉDUSE

La méduse se déplace en contractant son corps en forme d'ombrelle. Ses tentacules très allongés lui permettent d'introduire la nourriture dans sa cavité digestive, située au centre de son corps.

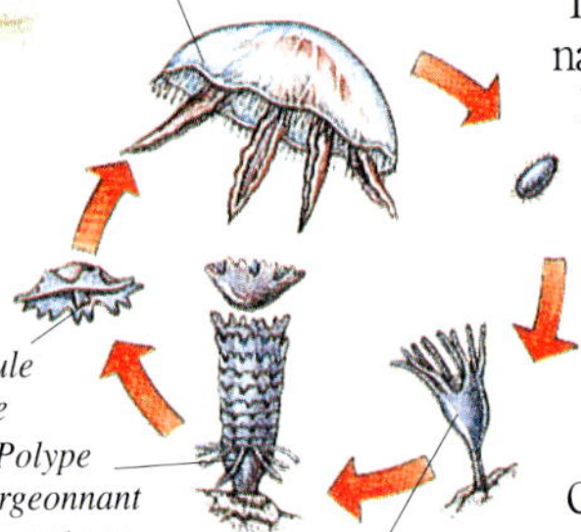

CYCLE DE VIE D'UNE MÉDUSE

L'œuf fécondé donne naissance à une larve, la planula. Fixée sur le fond marin, elle se transforme en polype qui, par bourgeonnement, donne des méduses miniatures.

CORAIL-CHAMPIGNON

TYPES D'INVERTÉBRÉS PRIMITIFS

Il existe plus d'un million d'espèces d'invertébrés réparties en 30 embranchements. Ci-dessous, 2 des plus primitifs.

INVERTÉBRÉ	EMBRANCHEMENT	CARACTÉRISTIQUES	NOMBRE D'ESPÈCES
	Porifères (éponges)	Animaux primitifs filtrant l'eau pour se nourrir	9 000
	Cnidaires (coraux, méduses)	Animaux primitifs dotés de cellules urticantes	10 000

LE CORAIL

Le corail est un animal formé d'un polype et de cloisons calcaires, vivant en colonies. Après sa mort, le squelette calcaire subsiste et forme peu à peu les récifs coralliens.

Invertébré

LE VER DE TERRE (LOMBRIC)

Le ver de terre est doté d'un corps annelé. Il se déplace en utilisant deux paires de muscles qui modifient la forme de ses anneaux, et se nourrit des matières organiques du sol. Il est hermaphrodite – à la fois mâle et femelle.

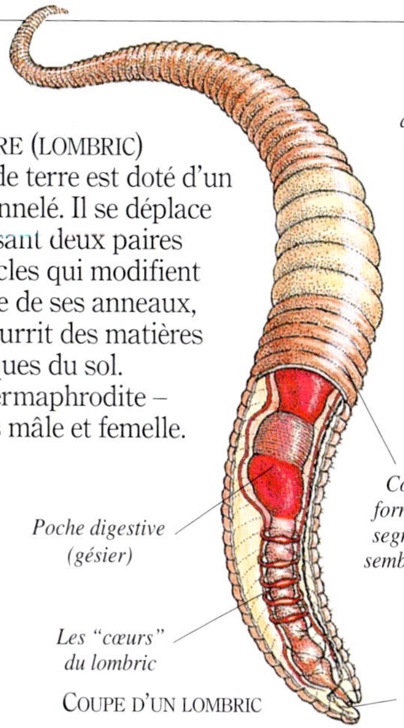

COUPE D'UN LOMBRIC

TÉNIA ET SA TÊTE

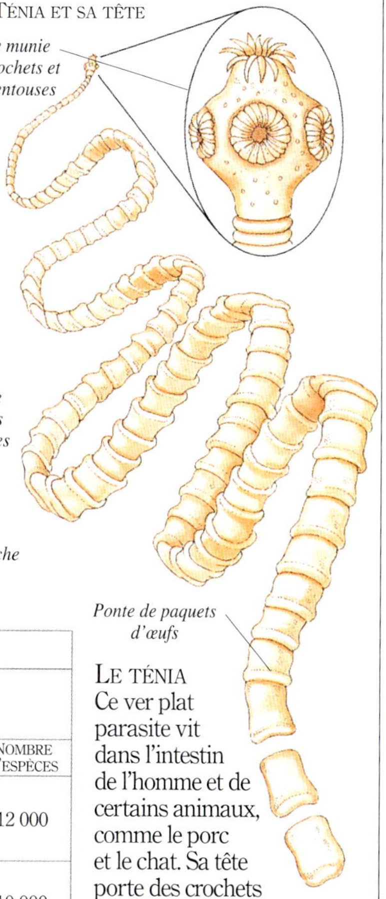

LE TÉNIA

Ce ver plat parasite vit dans l'intestin de l'homme et de certains animaux, comme le porc et le chat. Sa tête porte des crochets et des ventouses avec lesquels il s'accroche à la paroi intestinale. Il trouve sa nourriture dans l'intestin de son hôte.

TYPES D'INVERTÉBRÉS (VERS)

Les vers sont souvent constitués d'une succession d'anneaux. Certains vivent en parasites.

INVERTÉBRÉ	EMBRANCHEMENT	CARACTÉRISTIQUES	NOMBRE D'ESPÈCES
	Annélides (lombrics, sangsues)	Corps segmenté	12 000
	Plathelminthes (planaires, ténias)	Corps rudimentaire plat	10 000
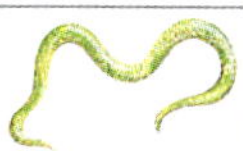	Némathelminthes (ascaris, trichines)	Corps cylindrique non segmenté	15 000

MOLLUSQUES ET ÉCHINODERMES

Les mollusques, comme l'escargot, l'huître et le poulpe, ont un corps mou et humide, généralement protégé par une coquille calcaire. Les échinodermes, tels l'oursin et l'étoile de mer, montrent une symétrie pentamère.

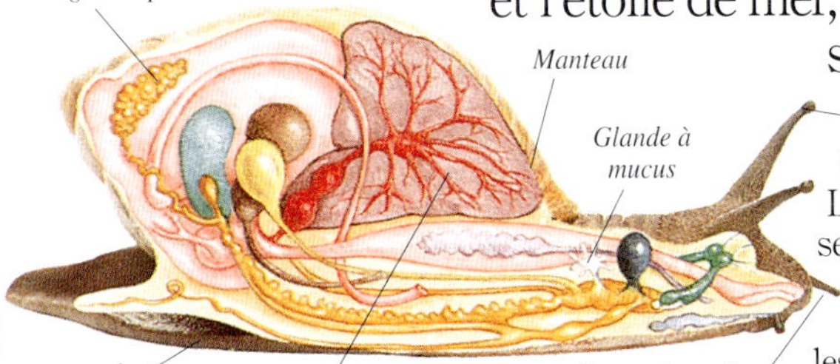

COUPE D'UN ESCARGOT
Le corps de l'escargot se compose de trois parties : la tête, le pied musculeux et le tégument abritant les organes principaux.

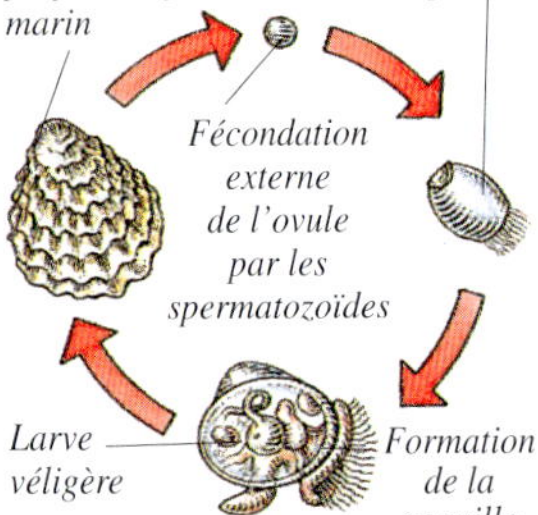

CYCLE DE VIE DE L'HUÎTRE
Les mollusques pondent des œufs qui donnent naissance à des larves. Puis la larve s'arme d'une coquille, et la jeune huître s'installe sur le fond marin.

TYPES DE MOLLUSQUES

Il existe plus de 90 000 espèces de mollusques. On les divise en 9 classes, dont 5 sont mentionnées ci-dessous.

MOLLUSQUE	CLASSE	CARACTÉRISTIQUES	NOMBRE D'ESPÈCES
	Bivalves (huîtres)	Coquille constituée de deux valves mobiles	15 000
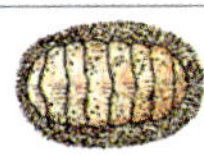	Polyplacophores (chitons)	Coquille constituée de 8 plaques calcaires	1 000
	Gastéropodes (limaces, escargots)	Pied musculeux, masse viscérale tordue	50 000
	Scaphopodes (dentales)	Coquille en forme de cornet allongé	500
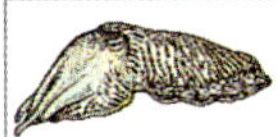	Céphalopodes (poulpes, calmars, seiches)	Munis d'une tête et de tentacules	700

TRITON

ESCARGOTS TERRESTRES DE CUBA

COQUILLE SAINT-JACQUES

SPONDILE DU PACIFIQUE

COQUILLE DE MOLLUSQUES

Constituée de calcaire sécrété par le manteau, elle varie beaucoup quant à la forme et la couleur. Les bivalves ont une coquille à deux valves reliées par une charnière.

L'ÉTOILE DE MER

C'est un échinoderme type. Son corps, garni de piquants, comporte 5 bras identiques, des petites ventouses et un squelette interne formé de plaques dures – les ossicules. L'étoile de mer ouvre la coquille des bivalves pour se nourrir de leur chair tendre.

Un bras endommagé peut se reconstituer.

ÉTOILE DE MER ÉCARLATE

TYPES D'ÉCHINODERMES

Ce groupe d'invertébrés marins compte environ 6 500 espèces réparties en 6 classes, dont 4 sont présentées ci-dessous.

ÉCHINODERME	CLASSE	CARACTÉRISTIQUES	NOMBRE D'ESPÈCES
	Stelléroïdes (étoiles de mer)	Orifice buccal central cerné de bras	2 500
	Échinoïdes (oursins)	Corps entouré d'une coque épineuse	2 000
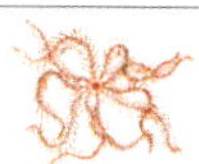	Crinoïdes (comatules)	Cavité buccale au centre de bras plumeux	600
	Holothuroïdes (holothuries)	Corps de ver muni de papilles rétractrices	1 200

LE SAVIEZ-VOUS ?

- Le cône géographique (océans Pacifique et Indien) est le gastéropode le plus venimeux. Son venin est mortel pour l'homme.
- L'escargot géant *Achatina achatina*, qui atteint 39 cm de la tête à la queue, est le plus gros escargot terrestre.

LES ARTHROPODES

Arachnides, crustacés et insectes appartiennent à l'immense groupe des arthropodes. Les insectes forment la plus importante des trois classes. Les arthropodes ont le corps articulé, et une carapace qui se renouvelle au cours de la croissance.

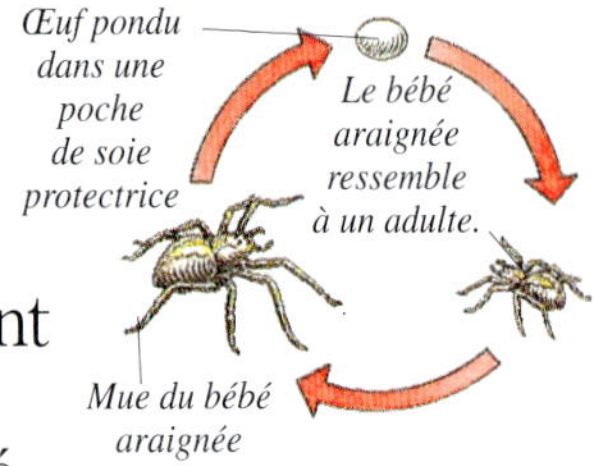

CYCLE DE VIE DE L'ARAIGNÉE
Les araignées ponden des œufs dont sorten des araignées miniatures Les araignées muen plusieurs fois avan d'atteindre l'âge adulte

COUPE D'UN ARACHNIDE
Un arachnide possède un céphalothorax (ou prosoma), un abdomen (ou opisthosoma) et 4 paires de pattes

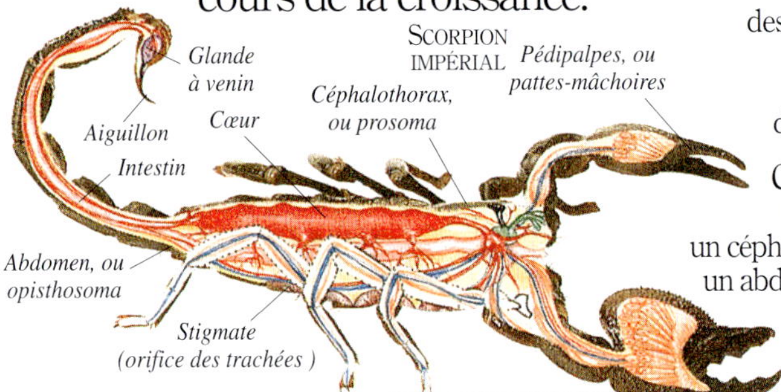

TYPES D'ARACHNIDES

Araignées, acariens et scorpions appartiennent à la classe des arachnides qui compte plus de 80 000 espèces et 10 ordres, dont 6 sont présentés ci-dessous.

ARACHNIDES	ORDRE	NOMBRE D'ESPÈCES	ARACHNIDES	ORDRE	NOMBRE D'ESPÈCES
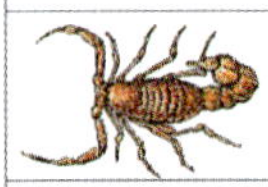	Scorpionides (scorpions)	1 000	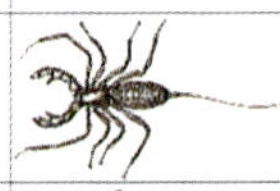	Pseudoscorpions (faux scorpions)	3 000
	Solifuges (araignées à raquettes)	600		Opilions (faucheux)	4 500
	Acariens (aoûtats et tiques)	30 000		Aranéomorphes (araignées)	40 000

COUPE D'UN CRUSTACÉ

Un crustacé a une membrane dure, une tête, un thorax et un abdomen. Il possède des yeux composés, 2 paires d'antennes, et des paires de pattes articulées.

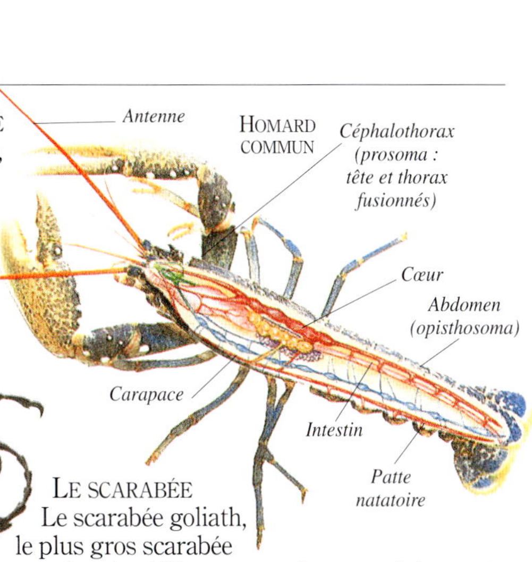

HOMARD COMMUN

SCARABÉE GOLIATH

LE SCARABÉE

Le scarabée goliath, le plus gros scarabée du monde, pèse 100 grammes. Les scarabées sont pourvus d'une solide carapace. Les élytres, ailes antérieures rigides et incurvées, protègent les ailes postérieures fragiles qui leur permettent de voler.

TYPES DE CRUSTACÉS			
Il existe plus de 40 000 espèces réparties en 10 classes, dont 4 sont présentées ci-dessous.			
CRUSTACÉS	CLASSE	CARACTÉRISTIQUES	NOMBRE D'ESPÈCES
	Branchiopodes (bouquets, puces d'eau)	Petits animaux d'eau douce et saumâtre	900
	Cirripèdes (anatifes, balanes)	Animaux à carapace fixés sur un support	1 100
	Copépodes (cyclopes)	Petits animaux principalement planctoniques	13 000
	Malacostracés (crevettes, crabes, homards)	Animaux à 5 paires de pattes, souvent dotés de pinces	28 000

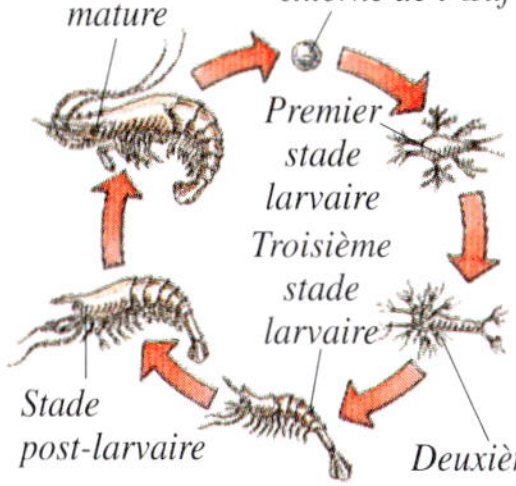

CYCLE DE VIE DE LA CREVETTE

Les crustacés pondent en général leurs œufs dans l'eau. De l'éclosion à l'âge adulte, la crevette passe par trois stades larvaires et un stade post-larvaire.

Les insectes

Les insectes, avec un million d'espèces décrites, représentent plus des 4/5 de l'ensemble des espèces animales, et plusieurs milliers sont découverts chaque année. Ils vivent sous tous les climats, des forêts tropicales aux déserts, mais beaucoup vivent en eau douce. La plupart volent, beaucoup subissent une métamorphose pour atteindre leur forme adulte.

SAUTERELLE VERTE FEMELLE

Coupe d'un insecte

Le corps est formé de 3 parties : tête, thorax et abdomen. L'insecte a 6 pattes articulées, une carapace dure et, en général, des ailes.

Types d'insectes					
Les insectes sont des arthropodes. Un million d'espèces sont connues et regroupées en 32 ordres, dont 6 sont présentés ci-dessous.					
Insecte	Ordre	Nombre d'espèces	Insecte	Ordre	Nombre d'espèces
	Odonates (libellules)	5 000		Hémiptères (punaises)	85 000
	Orthoptères (sauterelles et criquets)	17 000		Coléoptères (scarabées)	350 000
	Lépidoptères (papillons)	165 000		Hyménoptères (fourmis, abeilles, guêpes)	110 000

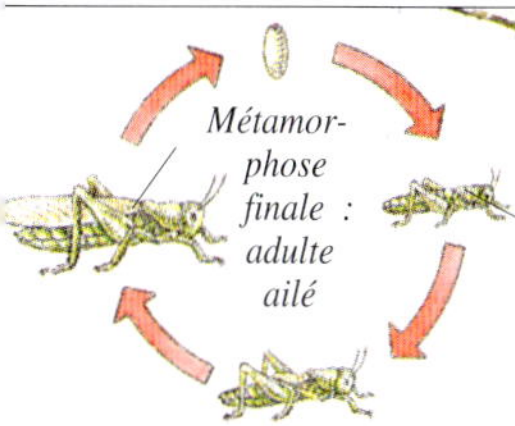

CYCLE DE VIE DE LA SAUTERELLE

À l'éclosion, la nymphe est dépourvue d'ailes. La sauterelle subit plusieurs métamorphoses au cours de sa croissance.

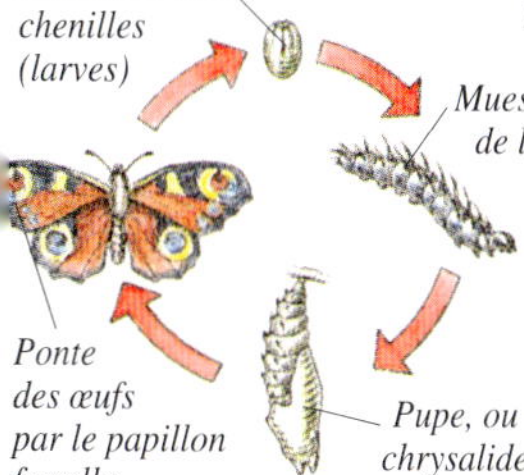

CYCLE DE VIE DU PAPILLON

La chenille arrivée à maturité se transforme en chrysalide dans laquelle le corps du papillon se développe.

NID DE GUÊPES

Les guêpes fabriquent leur nid avec des fibres de bois qu'elles mâchent et transforment en pâte. La reine pond ses œufs dans les alvéoles disposées en rayons.

LA CHENILLE

Certaines chenilles ont le corps couvert de poils pour décourager les prédateurs. D'autres sont difficilement repérables dans les feuillages avec lesquels elles se confondent.

LE SAVIEZ-VOUS ?

- On trouve en Amérique du Sud des processions de fourmis d'un mètre de large et de 100 m de long.
- La femelle de la plus grosse abeille du monde (abeille de Wallace) atteint une longueur de 39 mm.

Les poissons

Avec plus de 23 000 espèces, les poissons sont les plus nombreux des vertébrés. Un corps effilé, généralement recouvert d'écailles glissantes, et un organe qui leur permet de flotter les rendent parfaitement adaptés à la vie aquatique. On reconnaît 3 grands groupes de poissons, dont les poissons osseux, qui sont les plus répandus.

Coupe d'un poisson osseux
Il possède un squelette osseux ; son corps est couvert d'écailles et de mucus. Sa queue lui permet de nager, ses branchies de s'oxygéner, et sa vessie natatoire, emplie de gaz, de s'équilibrer dans l'eau.

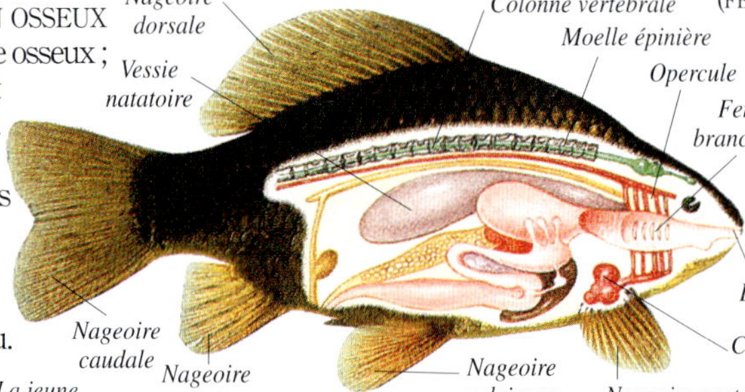

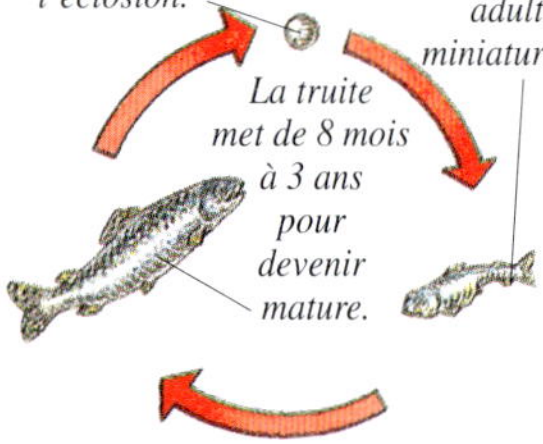

Cycle de vie de la truite
Elle est ovipare et pond plusieurs milliers d'œufs à la fois. Le jeune poisson se nomme un alevin.

Types de poissons

Il existe plus de 23 000 espèces de poissons, réparties en 3 classes. Les poissons osseux constituent la plus importante.

Poisson	Classe	Caractéristiques	Nombre d'espèces
	Agnathes (dépourvus de mâchoire)	Disque buccal suceur	75
	Chondrichtyens (poissons cartilagineux)	Squelette cartilagineux	800
	Ostéichtyens (poissons osseux)	Squelette osseux	22 000

Poisson

LE MIMÉTISME
Certains poissons plats, comme les soles, changent progressivement de couleur et de motifs pour se fondre avec les fonds marins.

L'HIPPOCAMPE
Cet étrange poisson nage en position verticale et s'accroche aux algues avec sa queue. La femelle pond dans une poche située sur l'abdomen du mâle.

LOCHE

POISSON-CHAT NOTONECTE

LES BIOTOPES DES POISSONS
Les poissons peuvent vivre dans tout milieu aquatique. Ils sont adaptés aux profondeurs des océans, aux eaux littorales et aux grottes sous-marines.

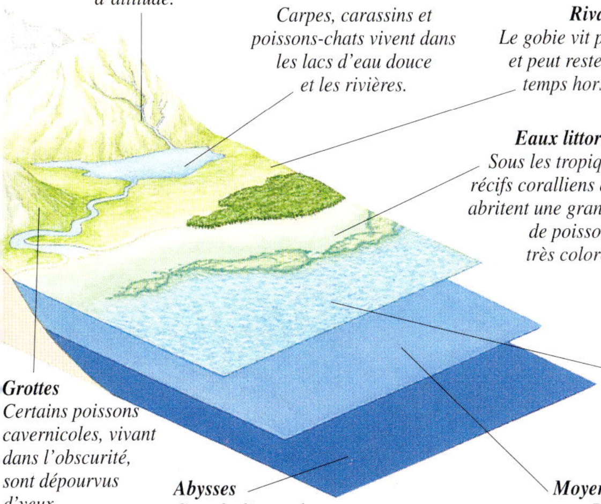

Lacs de montagne et torrents
Loches et saumons peuvent survivre jusqu'à 4 900 m d'altitude.

Lacs et rivières
Carpes, carassins et poissons-chats vivent dans les lacs d'eau douce et les rivières.

Rivages
Le gobie vit près des côtes et peut rester un certain temps hors de l'eau.

GOBIE

Eaux littorales
Sous les tropiques, les récifs coralliens du littoral abritent une grande variété de poissons très colorés.

POISSON MANDARIN

RAIE MANTA DU PACIFIQUE

Haute mer
Lieu de prédilection des requins, la haute mer abrite aussi de gros poissons comme les raies.

Grottes
Certains poissons cavernicoles, vivant dans l'obscurité, sont dépourvus d'yeux.

ARASSIN
VERNICOLE AVEUGLE

Abysses
Grands disques buccaux et estomacs extensibles permettent aux poissons des grands fonds d'avaler plus de nourriture.

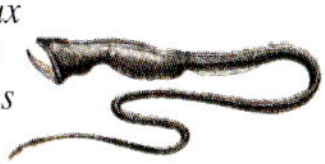

ANGUILLE GRAND GOSIER

Moyenne profondeur
Peu de poissons s'accommodent de ces eaux sombres et plus fraîches.

RÉGALEC

LES AMPHIBIENS

C'est le premier groupe de vertébrés à avoir quitté l'eau pour la terre. Ils passent la première partie de leur vie en milieu aquatique, puis le développement des pattes et la disparition des branchies leur permettent de vivre dans l'eau ou sur la terre ferme.

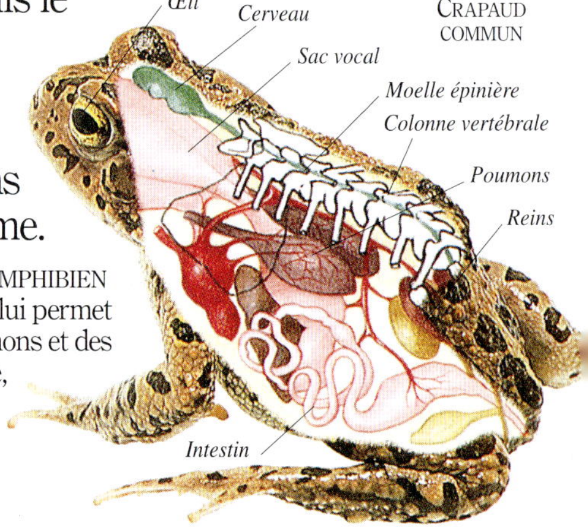

CRAPAUD COMMUN

COUPE D'UN AMPHIBIEN
La peau fine de ce vertébré lui permet de respirer. L'adulte a des poumons et des pattes. Durant la métamorphose, grenouille et crapaud perdent leur queue, mais salamandres et tritons la conservent.

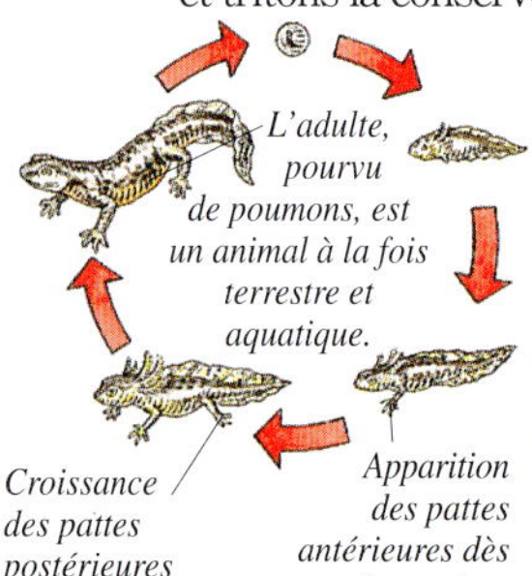

CYCLE DE VIE DU TRITON
La larve naît dans l'eau, et respire par des branchies. 8 semaines plus tard, ses pattes se développent et les branchies disparaissent.

TYPES D'AMPHIBIENS		
La classe des amphibiens comprend plus de 4 500 espèces divisées en 3 ordres.		
AMPHIBIEN	ORDRE	NOMBRE D'ESPÈCES
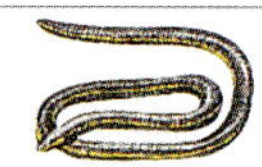	Apodes (cécilies)	170
	Anoures (grenouilles, crapauds)	3 700
	Urodèles (tritons, salamandres)	350

Amphibien

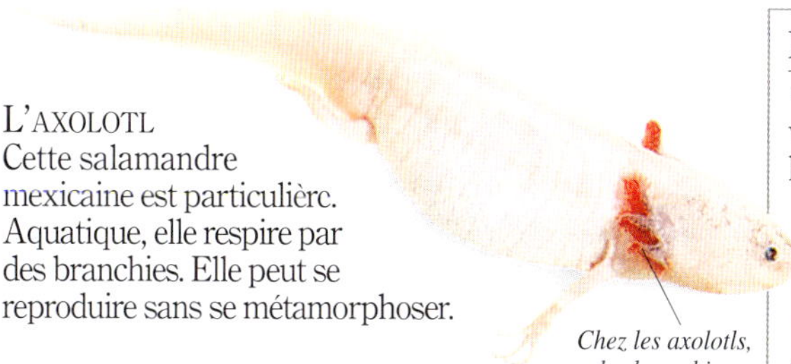

L'AXOLOTL

Cette salamandre mexicaine est particulière. Aquatique, elle respire par des branchies. Elle peut se reproduire sans se métamorphoser.

LE SAVIEZ-VOUS ?

- La grenouille la plus venimeuse est le dendrobate de Colombie. Sa peau sécrète une quantité de poison capable de tuer 1 000 personnes.
- La salamandre géante de Chine peut atteindre 1,80 m.

LA SALAMANDRE

La salamandre tigrée a des taches de couleur vive, pour avertir les prédateurs que sa chair est toxique. Les salamandres adultes respirent par la peau.

MEGOPHRYS NASUTA

Les amphibiens ont développé de nombreuses tactiques de survie. *Megophrys nasuta,* qui a la couleur et la forme d'une feuille morte, se confond parfaitement avec les débris du sous-bois.

LE CRAPAUD ACCOUCHEUR

Caractère inhabituel pour un amphibien, ce crapaud s'accouple sur la terre ferme. Une fois les œufs fécondés, le mâle les "couve" sur ses pattes postérieures durant au moins un mois.

LES REPTILES

Ils ont dominé le monde animal durant des millions d'années. Contrairement aux amphibiens, les reptiles peuvent vivre dans un milieu sec, mais comme eux ils sont dépendants de la température ambiante. La plupart des reptiles sont ovipares.

COUPE D'UN REPTILE
Ce sont des vertébrés au corps recouvert d'écailles. Excepté les serpents et quelques lézards, ils possèdent 4 membres. En milieu chaud et aride, leur peau résistante et étanche limite la déperdition d'eau.

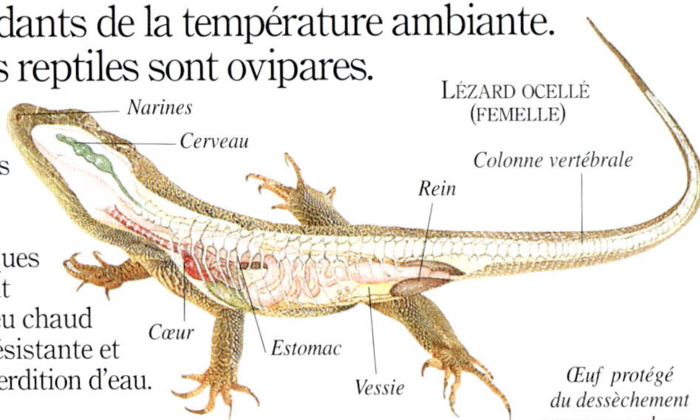

LÉZARD OCELLÉ (FEMELLE)

TYPES DE REPTILES		
Il existe environ 6 550 espèces de reptiles réparties en 4 ordres.		
REPTILE	ORDRE	NOMBRE D'ESPÈCES
	Squamates (lézards, serpents)	5 700
	Crocodiliens (crocodiles, alligators)	24
	Rhynchocéphales (sphénodons)	1
	Chéloniens (tortues terrestres, de mer et d'eau douce)	280

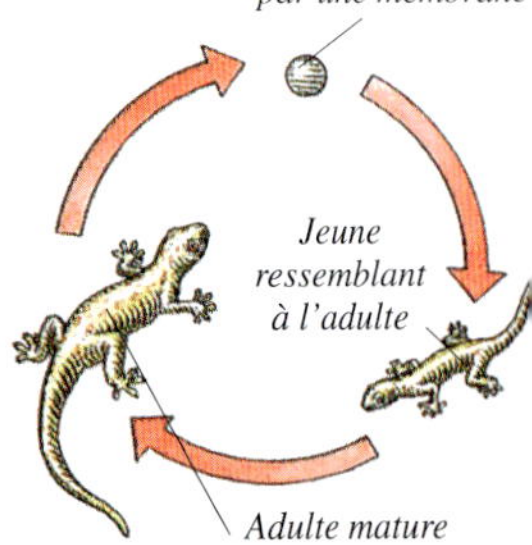

CYCLE DE VIE DU GECKO
Les œufs sont protégés par une membrane résistante. Dès l'éclosion, les jeunes sont des copies miniatures des parents.

@ Reptile

Les crocodiles

Les crocodiliens, ordre très ancien, comprennent crocodiles, alligators et gavials, au museau plus allongé. Les crocodiles passent de longues heures dans l'eau et plongent les narines fermées. Malgré leur apparence effrayante et leurs mâchoires redoutables, ce sont des parents attentionnés.

Le crocodile transporte sa progéniture dans sa gueule.

Crocodile du Nil femelle

Serpent constricteur

Python, boa constricteur et anaconda se nourrissent surtout de mammifères qu'ils tuent par suffocation. Ils s'enroulent autour de leur proie et resserrent leur étreinte pour l'étouffer, puis l'avalent entière.

Mâchoires articulées pour avaler la proie

Dragon de Komodo

Peau ridée, lâche, et plissée

.e dragon (ou varan))e Komodo

.e plus grand lézard lu monde est le dragon le Komodo qui peut mesurer usqu'à 3 m de longueur et)eser 166 kg. Moins de 5 000 ;pécimens vivent encore sur quelques îles indonésiennes, lont celle de Komodo.

LES OISEAUX

Les oiseaux sont les plus grands animaux capables de voler. Leur corps aérodynamique est couvert de plumes et certains os sont creux pour gagner en légèreté. On les rencontre dans des milieux très variés. Quelques espèces ont perdu leur aptitude au vol.

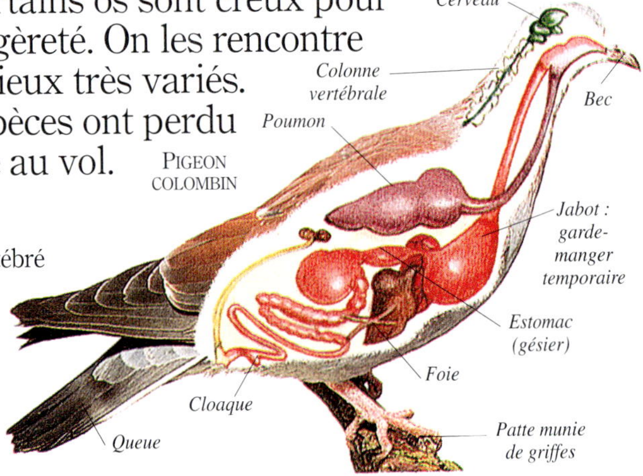

PIGEON COLOMBIN

COUPE D'UN OISEAU
L'oiseau est un vertébré à sang chaud doté d'une couverture de plumes légère et isolante. Il possède un bec et pond des œufs à coquille rigide.

TYPES D'OISEAUX

Il existe environ 9 600 espèces d'oiseaux qui se divisent en 23 ordres. Les passériformes (moineaux, corbeaux) sont les plus nombreux (5 500 espèces). 6 autres ordres sont présentés ci-dessous.

OISEAU	ORDRE	NOMBRE D'ESPÈCES	OISEAU	ORDRE	NOMBRE D'ESPÈCES
	Rhéiformes (nandous)	2		Ansériformes (canards, oies)	150
	Piciformes (pics-verts, toucans)	381		Falconiformes (aigles, faucons)	500
	Psittaciformes (perroquets, cacatoès)	345		Strigiformes (chouettes, hiboux)	145

Oiseau

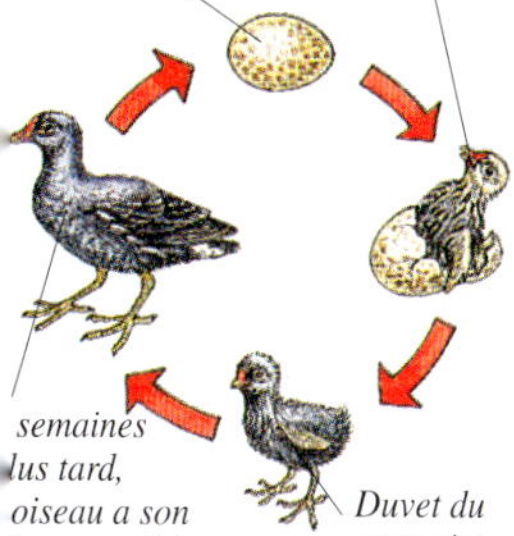

CYCLE DE VIE
D'UNE POULE D'EAU
Le mâle et la femelle
couvent pendant
3 semaines. Le poussin
s'extirpe de la coquille
grâce à une dent spéciale.
l pourra nager et manger
quelques heures plus tard.

TYPES DE PLUMES

Les plumes sont souples mais résistantes. Elles sont composées de fines couches d'une protéine nommée kératine. Les plumes de l'oiseau diffèrent sclon leur fonction.

PLUMES DE L'AILE

Les barbes des plumes sont reliées par des barbules.

DUVET

Duvet doux, léger et isolant

Plumes de couverture donnant à l'oiseau sa silhouette aérodynamique

PLUMES DU CORPS

Plumes de la queue, longues et raides, adaptées au vol

PLUMES DE LA QUEUE (PENNES)

TYPES DE BECS

Un bec est un os recouvert de corne. Sa forme est adaptée au régime alimentaire de l'oiseau. Le bec du rapace (tel le faucon) est tranchant et recourbé pour déchirer les chairs ; celui de l'ara est puissant et crochu pour percer les fruits.

ARA CHLOROPTÈRE

FAUCON CRÉCERELLE

FLAMANT ROSE

Bec filtrant l'eau

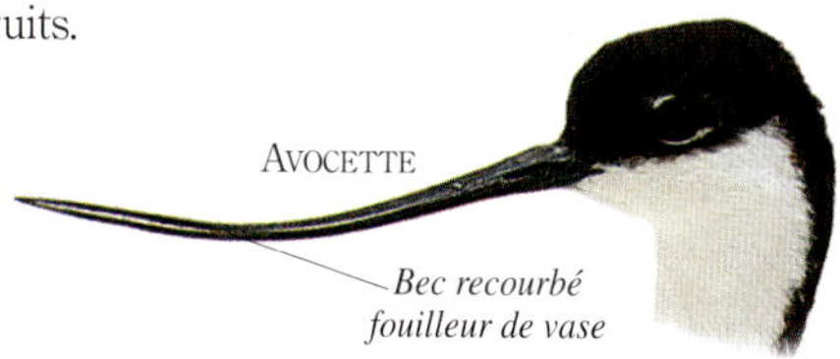

AVOCETTE

Bec recourbé fouilleur de vase

LES MAMMIFÈRES

Ils forment une classe très diversifiée allant des minuscules musaraignes aux énormes rhinocéros ou baleines. Les mammifères occupent presque tous les habitats. L'homme appartient à cette classe de vertébrés.

LAPIN MÂLE

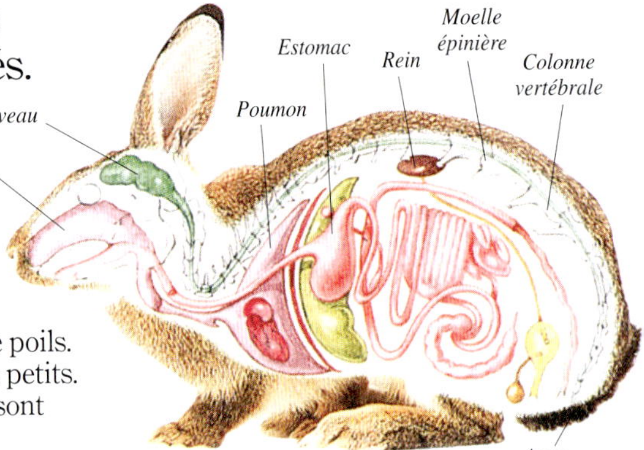

COUPE D'UN MAMMIFÈRE
Tous les mammifères sont à sang chaud et la plupart sont couverts de poils. Les femelles allaitent leurs petits. Les sens des mammifères sont souvent très développés.

TYPES DE MAMMIFÈRES

Il existe 4 635 espèces de mammifères, regroupées en 25 ordres. Le plus important est celui des rongeurs qui compte environ 2 000 espèces. 6 autres ordres sont présentés ci-dessous.

MAMMIFÈRE	ORDRE	NOMBRE D'ESPÈCES	MAMMIFÈRE	ORDRE	NOMBRE D'ESPÈCES
	Monotrèmes (ovipares) ornithorynques	3		Artiodactyles (ongulés, nombre de doigts pair) bœufs	220
	Marsupiaux (fin de gestation dans une poche) kangourous	272		Carnivores (mangeurs de viande) chiens, lions	237
	Insectivores (mangeurs d'insectes) hérissons, taupes	428		Cétacés (mammifères marins) baleines, dauphins	78

Mammifère

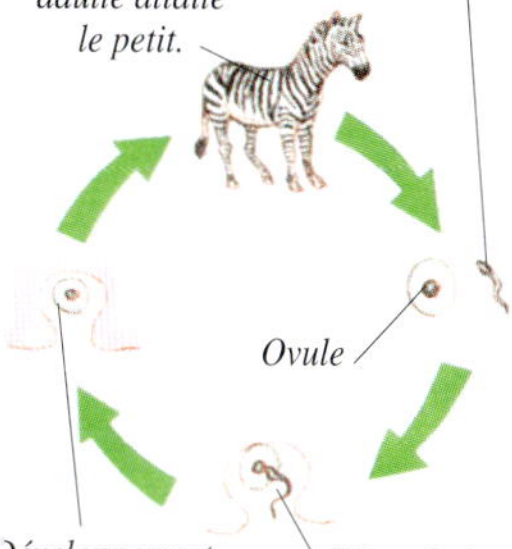

Cycle de vie du zèbre

Les spermatozoïdes du mâle fécondent l'ovule à l'intérieur du corps de la femelle. La plupart des mammifères se développent dans l'utérus de la mère.

Marsupiaux

Wallabies, kangourous et koalas sont des marsupiaux. Leurs petits naissent après une courte gestation sans être parvenus à maturité. Ils rampent jusqu'à la poche maternelle où ils s'installent. Ils poursuivent leur développement en têtant.

Chauve-souris frugivore

Un mammifère volant

La chauve-souris est le seul mammifère capable de voler. Elle bat l'air grâce à une fine membrane de peau tendue entre ses doigts et entre ses pattes antérieures et postérieures. La plus grande a une envergure de 2 m.

La mère écureuil allaite ses petits les premières semaines.

L'écureuil et ses petits

Un mammifère dont le petit se développe dans l'utérus de la mère est dit placentaire. L'utérus protège le développement du bébé qui reçoit oxygène et nourriture du placenta.

Les petits sont bien développés à la naissance et ont une croissance rapide.

Le bébé écureuil se nourrit seul rapidement.

Les primates

Cet ordre de mammifères comprend les animaux les plus évolués intellectuellement : les singes et l'homme. Avec des yeux placés à l'avant du crâne pour bien évaluer les distances, des doigts préhensiles et de longs membres, les primates sont adaptés à la vie arboricole. Quelques-uns possèdent aussi une queue préhensile.

Singe patas

Narines rapprochées d'un singe de l'Ancien Monde

Singe-écureuil, ou saïmiri

Singes de l'Ancien Monde
Les singes de l'Ancien Monde (Europe, Afrique et Asie) ont un long nez aux narines très rapprochées. Le singe patas vit en groupes (pouvant compter vingt femelles pour un mâle) dans les savanes africaines, où il se nourrit d'herbes et de graines.

Singes du Nouveau Monde
La plupart ont une face aplatie, des narines très écartées et une queue préhensile, véritable membre leur permettant de s'accrocher aux branches dans les forêts d'Amérique centrale et du Sud. Singe hurleur et singe-écureuil sont deux espèces du Nouveau Monde.

@ Primate

LORIS
Le loris et le galago sont des lémuriens, ou primates inférieurs. Ce sont presque tous des animaux nocturnes, et leur vue est excellente. La plupart se nourrissent d'insectes, de feuilles et d'oiseaux.

L'ORANG-OUTAN
Comme le gorille, le chimpanzé et le gibbon, l'orang-outan est un anthropoïde. Solitaire et farouche, il est arboricole et vit dans les forêts humides de Bornéo et de Sumatra.

LE GORILLE
Végétarien malgré son aspect terrifiant, le gorille marche sur la plante des pieds et sur les phalanges des mains, et passe une grande partie de son temps au sol. Il vit dans les forêts tropicales humides, en plaine ou en montagne.

POIDS MOYEN DES PRIMATES

Du minuscule ouistiti au puissant gorille, la taille des primates varie selon les espèces (233) et selon le sexe.

ESPÈCE	POIDS MOYEN (FEMELLE)	POIDS MOYEN (MÂLE)
Gorille	105 kg	180 kg
Homme	52 kg	75 kg
Nasique de Bornéo	9 kg	19 kg
Singe patas	5,5 kg	10 kg
Ouistiti mignon	120 g	140 g

PHYSIOLOGIE ANIMALE

NUTRITION ET DIGESTION

Les animaux trouvent les substances énergétiques indispensables à leur survie dans la nourriture. La digestion des aliments leur fournit ces éléments. Les herbivores se nourrissent uniquement de végétaux, les carnivores de viande, les omnivores ont une alimentation mixte.

LE CARNIVORE
Comme tous les félins, le tigre se nourrit surtout de viande. Cette dernière, facile à digérer, contient de nombreux éléments nutritifs. Une proie peut assurer au tigre plusieurs repas, mais ce félin dépense beaucoup d'énergie à chasser.

LA RUMINATION
La vache se nourrit d'herbe, abondante mais difficile à digérer. Cette herbe est décomposée dans une poche (rumen ou panse) de l'estomac de l'animal, grâce à des micro-organismes. La vache régurgite l'herbe partiellement digérée et la remâche – elle rumine.

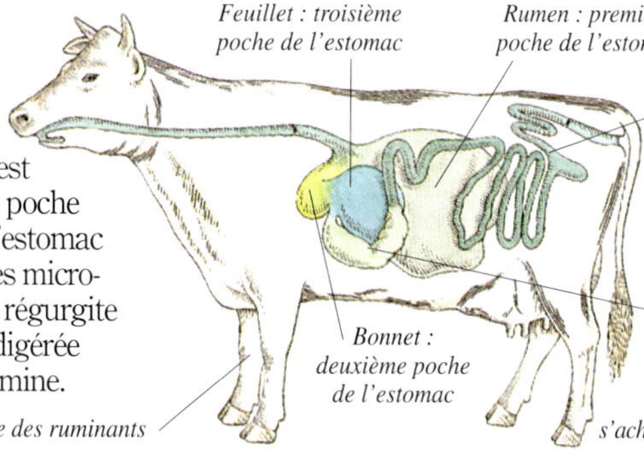

Feuillet : troisième poche de l'estomac

Rumen : première poche de l'estomac

Intestins absorbant les éléments nutritifs et l'eau de la nourriture digérée

Caillette : quatrième poche de l'estomac où s'achève la digestion.

Bonnet : deuxième poche de l'estomac

Vache – sous-ordre des ruminants

Nutrition

ALIMENTS LIQUIDES

De nombreux insectes adultes consomment exclusivement des liquides. Le moustique femelle se nourrit de sang ; le puceron et la cigale, de la sève des végétaux ; le papillon, du nectar des fleurs qu'il absorbe par un long tube s'enroulant sur lui-même quand il ne l'utilise pas.

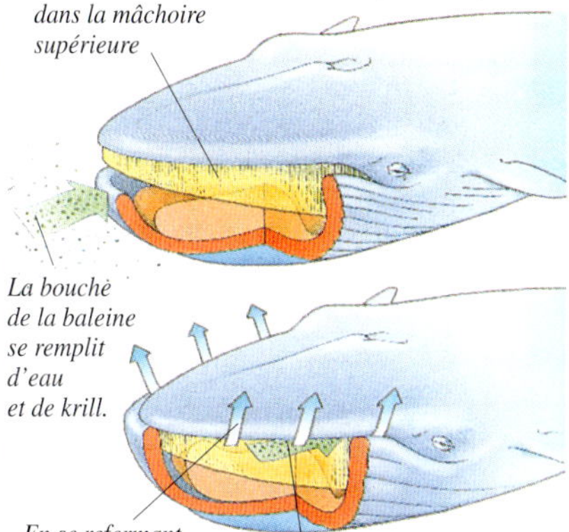

L'ALIMENTATION PAR FILTRE

Le krill, un petit crustacé, abonde dans les océans, mais il est difficile d'en récolter beaucoup à la fois. Les baleines filtrent l'eau avec leurs fanons pour le récupérer.

LE SERPENT MANGEUR D'ŒUFS

Quelques serpents se nourrissent essentiellement d'œufs : ils avalent l'œuf entier et, dans leur gorge, des épines osseuses déchirent la coquille. Le contenu est englouti, les débris rejetés par la bouche.

LE SAVIEZ-VOUS ?

- Certains papillons du Sud-Est asiatique se nourrissent des sécrétions lacrymales des bovidés sauvages.
- Certains animaux à sang froid, comme l'araignée, peuvent jeûner pendant plusieurs semaines.

DENTS ET MÂCHOIRES

Chez les animaux, les dents servent à saisir la nourriture, la couper ou la mastiquer pour en faciliter la digestion. Appliquées les unes contre les autres par de puissants muscles, elles sont dures et ne se cassent pas sous la pression. Contrairement aux dents des rongeurs qui poussent sans cesse, celles de l'homme, une fois adulte, s'arrêtent de croître.

LES DENTS DU CROCODILE
Comme les reptiles – excepté les tortues –, les crocodiles sont munis de dents coniques simples. Elles sont constamment remplacées, avant même d'être usées. Elles peuvent repousser jusqu'à 40 fois.

Le crocodile déchire sa proie avant de l'avaler par morceaux.

Les dents saisissent la proie, la lacèrent mais ne la mastiquent pas.

CRÂNE DE MOUTON

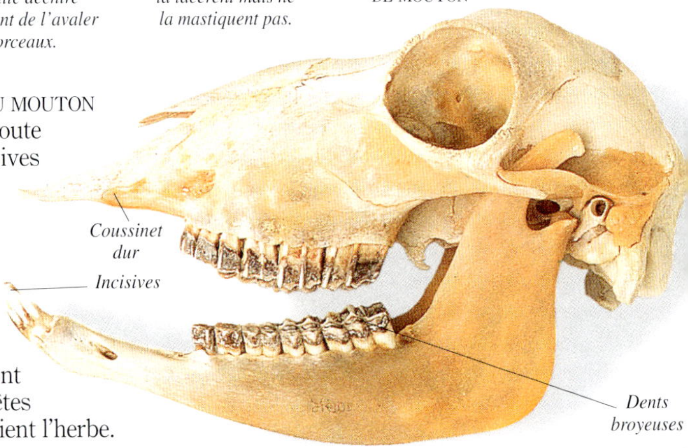

LES DENTS DU MOUTON
Le mouton broute avec des incisives coupantes, implantées à l'avant de la mandibule. Les molaires, situées à l'arrière des mâchoires, sont munies de crêtes dures qui broient l'herbe.

Jeu de dents

Une denture variée

À l'encontre d'autres animaux, les mammifères sont pourvus de divers types de dents. Chez le chien, les incisives et les canines saisissent la nourriture, les carnassières la déchirent, les molaires et les prémolaires la broient.

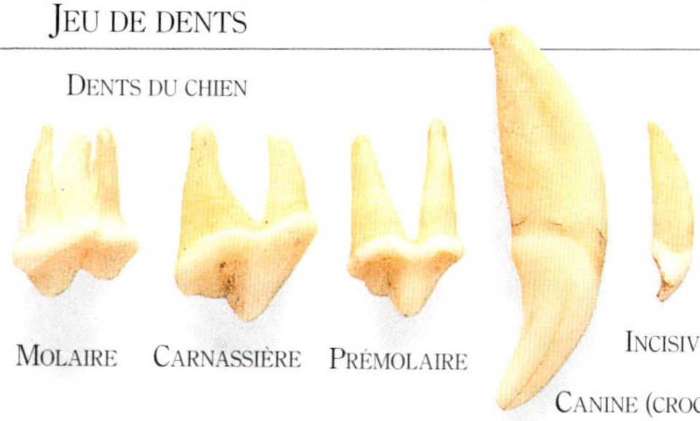

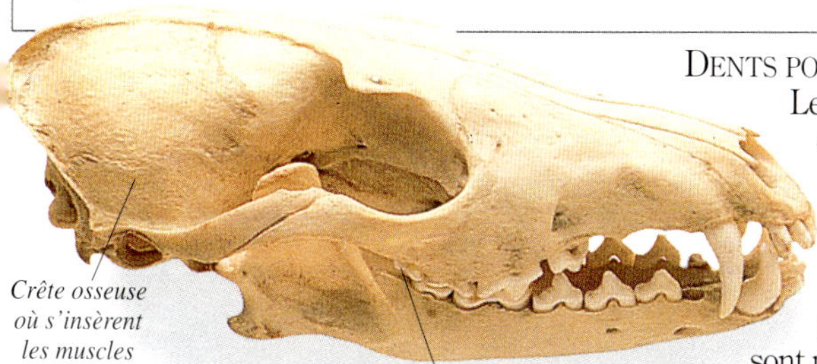

Crâne de chien

Dents pour mordre et couper

Le chien a normalement 42 dents (10 de plus que l'homme adulte). Pour ce carnivore, il s'agit plus de mordre que de mastiquer, et la plupart de ses dents sont pointues ou bisautées.

Des dents spécialisées

Les défenses sont des dents exceptionnellement longues qui dépassent de la cavité buccale de certains mammifères. L'éléphant s'en sert pour fouiller le sol à la recherche de nourriture, détacher les écorces des arbres, et se battre.

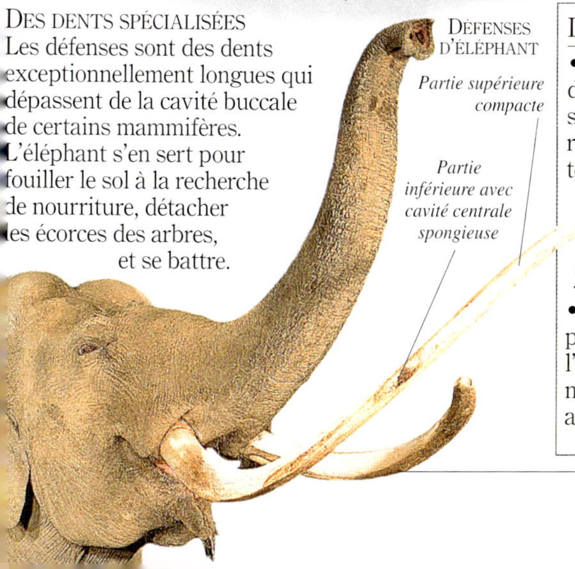

Défenses d'éléphant

Le saviez-vous ?

- Les dents du requin, implantées sur plusieurs rangées, tombent toutes les 2 semaines. La dent tombée est remplacée par la dent située juste derrière.
- Seul mammifère pourvu d'un bec, l'ornithorynque ne possède aucune dent.

LA RESPIRATION

Tous les animaux ont besoin d'absorber de l'oxygène et d'évacuer un gaz résiduel appelé gaz carbonique. Chez les très petits animaux, ce processus s'accomplit à la surface du corps. Mais la plupart des animaux utilisent des organes spécifiques, branchies ou poumons.

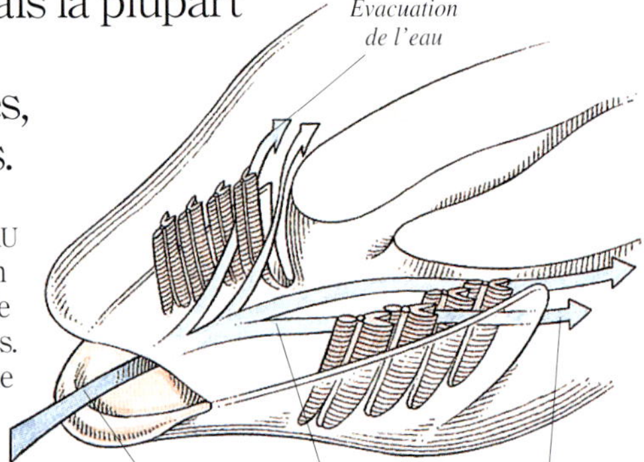

LA RESPIRATION DANS L'EAU

Les branchies d'un poisson sont constituées d'une multitude de lamelles très vascularisées. C'est au niveau des branchies que s'effectuent les échanges gazeux (oxygène, gaz carbonique) entre l'eau et le sang.

Le périophtalme se maintient toujours humide.

UN POISSON HORS DE L'EAU

Le périophtalme, petit poisson des mangroves, peut vivre hors de l'eau. À l'air libre, il respire en avalant des gorgées d'eau pour irriguer ses branchies. Il absorbe un peu d'oxygène par ses branchies, et également par sa paroi buccale.

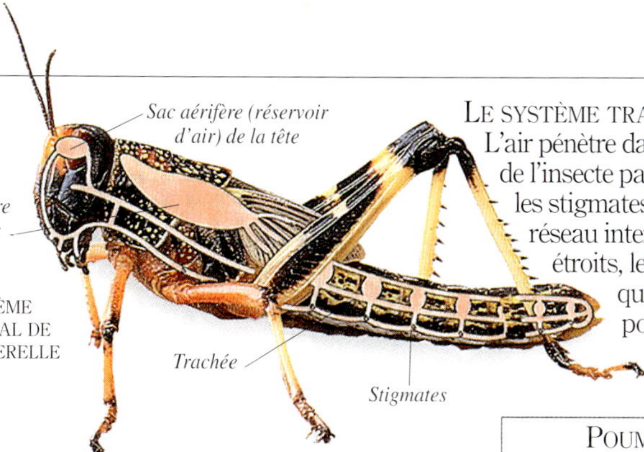

SYSTÈME TRACHÉAL DE LA SAUTERELLE

LE SYSTÈME TRACHÉAL

L'air pénètre dans le corps de l'insecte par des orifices, les stigmates, reliés à un réseau interne de tubes étroits, les trachées, qui se ramifient pour alimenter chaque cellule.

LES POUMONS DE L'OISEAU

L'oiseau absorbe l'oxygène de l'air grâce à un système respiratoire très efficace. Des sacs aérifères, sortes de réservoirs d'air, conduisent directement l'air aux poumons et lui assurent un apport maximal d'oxygène.

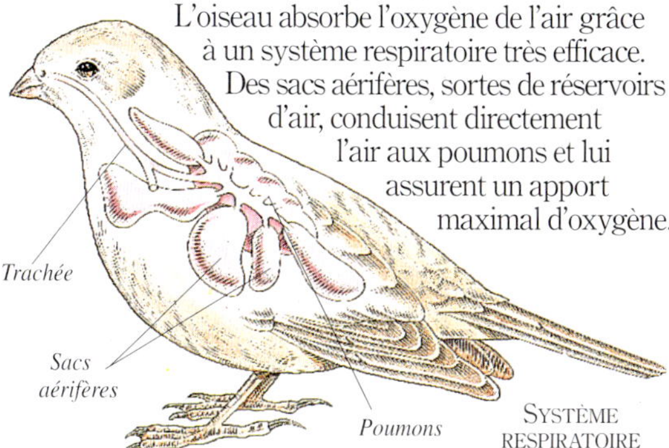

SYSTÈME RESPIRATOIRE DE L'OISEAU

LA RESPIRATION EN SURFACE

Comme tout mammifère, la baleine possède des poumons pour respirer l'oxygène de l'air. Un évent situé sur le haut de la tête fait office de narines. En plongée, certains cétacés peuvent rester en apnée pendant plus d'une heure.

POUMONS

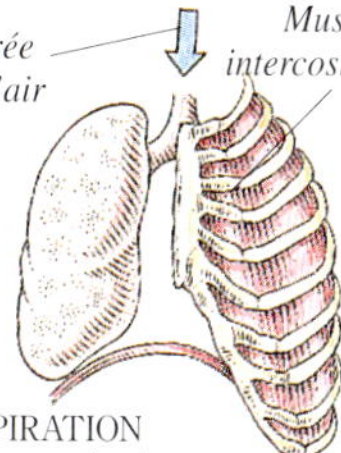

INSPIRATION
Les muscles intercostaux soulèvent les côtes, le diaphragme s'abaisse ; la cage thoracique se dilate et l'air s'y engouffre.

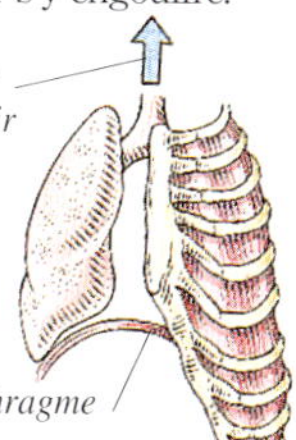

EXPIRATION
Les muscles intercostaux et le diaphragme se relâchent, les poumons et la cage thoracique s'affaissent ; l'air est expulsé.

SANG ET CIRCULATION

Le sang oxygène et alimente les cellules et les débarrasse de leurs déchets. Chez les animaux simples (mollusques, insectes...), il circule surtout à travers les tissus. Chez les vertébrés, dont font partie les mammifères, il circule par un système de canaux – les vaisseaux sanguins. Le cœur est le principal moteur de la circulation du sang.

HOMARD EUROPÉEN

Hémocyanine : pigment bleu du sang du homard

LES CRUSTACÉS À SANG BLEU

Le sang de nombreux animaux est rouge, car il contient de l'hémoglobine, un pigment rouge qui véhicule l'oxygène. Chez le homard et d'autres crustacés, le pigment respiratoire est bleu.

CIRCULATION DE CHALEUR

Le sang diffuse aussi la chaleur. Quand le lézard se prélasse au soleil, son sang se réchauffe. Le flux sanguin se charge ensuite de dispenser cette chaleur à l'ensemble des organes internes.

Le sang absorbe la chaleur de la peau.

Une fois son corps réchauffé, le lézard devient actif.

LÉZARD OCELLÉ EXPOSÉ AU SOLEIL

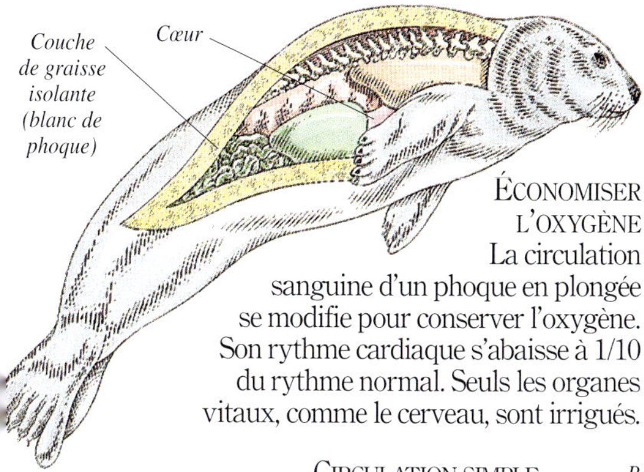

ÉCONOMISER L'OXYGÈNE

La circulation sanguine d'un phoque en plongée se modifie pour conserver l'oxygène. Son rythme cardiaque s'abaisse à 1/10 du rythme normal. Seuls les organes vitaux, comme le cerveau, sont irrigués.

LE SAVIEZ-VOUS ?

- Les vers de terre ont cinq paires de cœurs à l'avant du corps.
- La température des animaux en hibernation voisine 0 °C.
- Au cours d'une vie, le volume de sang pompé par le cœur humain pourrait remplir 100 piscines.

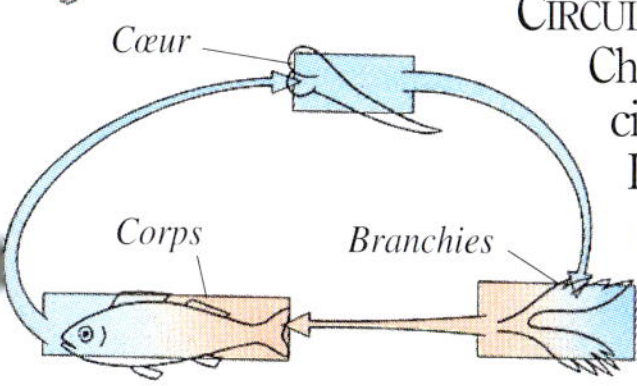

CIRCULATION SIMPLE

Chez le poisson, le sang circule dans un seul sens. Il part du cœur, passe par les branchies, se charge d'oxygène et irrigue le corps.

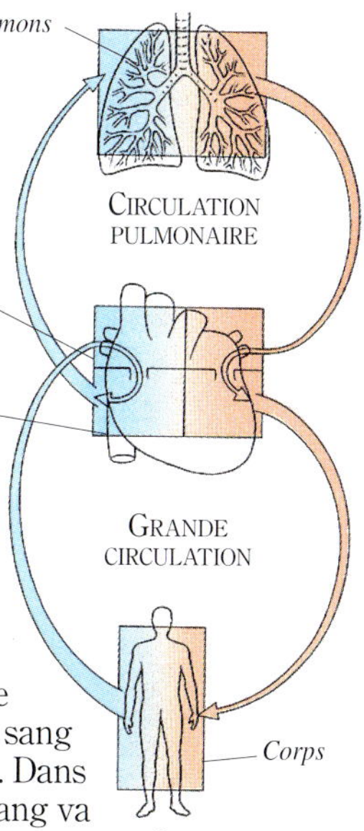

RYTHME CARDIAQUE DES ANIMAUX	
Les petits animaux ont un rythme cardiaque beaucoup plus rapide que les gros.	
ESPÈCE	BATTEMENTS/MN
Baleine grise	9
Phoque en plongée	10
Éléphant	25
Homme	70
Phoque en surface	140
Moineau	500
Musaraigne	600
Oiseau-mouche	1 200

DOUBLE CIRCUIT

Chez l'homme et les autres mammifères, le cœur envoie le sang dans 2 circuits. Dans le premier, le sang va du cœur aux poumons puis retourne au cœur. Dans le second circuit, il circule dans le reste du corps.

LE SQUELETTE

Le corps d'animaux comme la méduse est entièrement mou, adapté au milieu aquatique et doté de cellules urticantes. D'autres animaux possèdent une charpente, le squelette, qui est interne ou externe. La traction des muscles s'exerce sur ce squelette, lequel donne sa forme à l'animal.

UN SQUELETTE EXTERNE

Le corps d'un insecte est recouvert d'une cuticule constituée de plaques articulées. Cette carapace a l'avantage d'être très résistante et de limiter le dessèchement de l'animal. L'insecte qui grandit change son ancienne cuticule, pour un plus grand, tel un vêtement devenu trop petit.

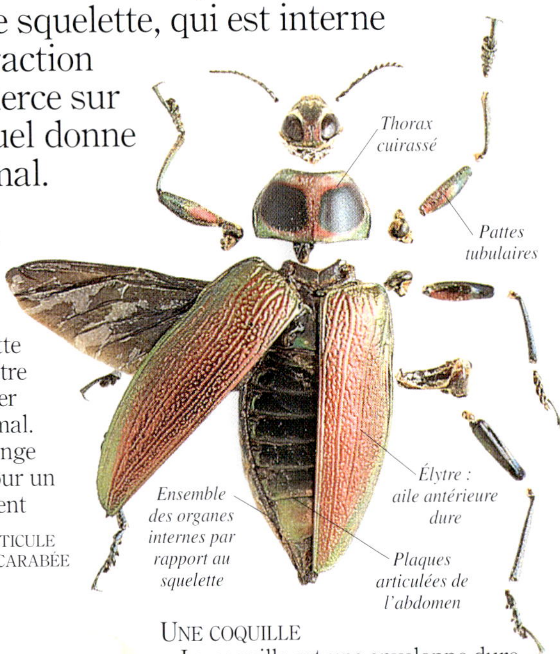

CUTICULE DE SCARABÉE

COQUILLE DE NAUTILE

UNE COQUILLE

La coquille est une enveloppe dure protégeant le corps des mollusques. Contrairement à la cuticule des insectes, elle grandit avec l'animal qui n'a pas à muer. Ce nautile a une coquille à compartiments emplis de gaz lui permettant de contrôler sa profondeur d'immersion.

Les articulations

Comme presque tous les vertébrés, le serpent a un squelette osseux. L'os, très dur, est très peu flexible. Le serpent doit sa souplesse aux centaines d'articulations de son squelette.

Squelette de python

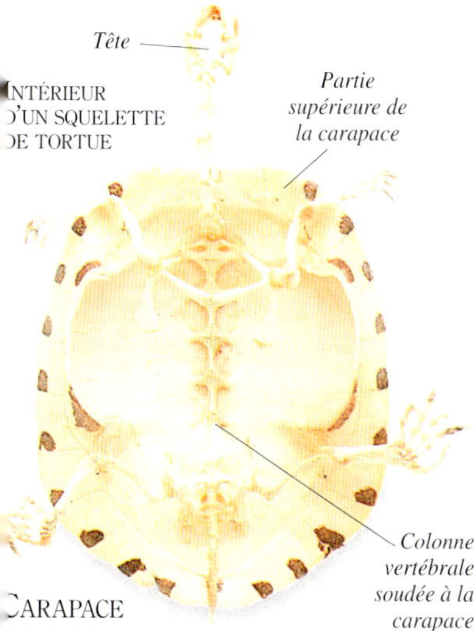

Intérieur d'un squelette de tortue

Carapace osseuse

Les tortues ont un squelette interne et une carapace. Constituée de plaques osseuses, elle est recouverte d'écailles de kératine – élément constituant des ongles.

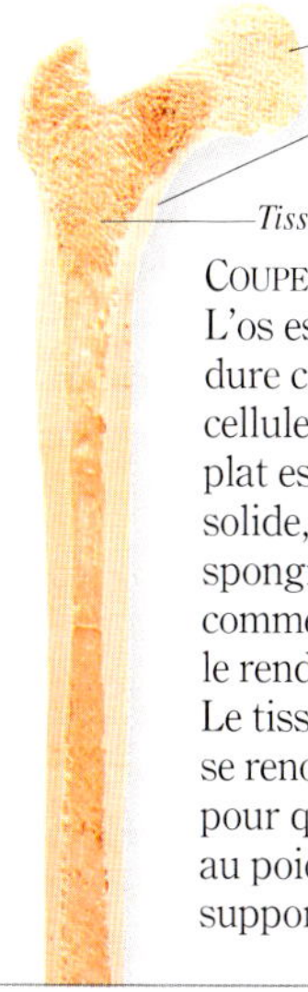

Coupe d'un os

L'os est une substance dure contenant des cellules vivantes. L'os plat est généralement solide, mais l'intérieur spongieux d'un os long, comme ce fémur humain, le rend plus léger. Le tissu osseux se renouvelle sans cesse pour que l'os s'adapte au poids qu'il doit supporter.

D'autres squelettes

Les squelettes des vertébrés (animaux pourvus d'une épine dorsale) sont tous conçus sur le même schéma, mais ils se sont modifiés durant des millions d'années pour s'adapter aux divers modes de vie. Pour certains, en particulier les oiseaux, la légèreté est fondamentale ; pour d'autres encore, tel le poisson, c'est la souplesse.

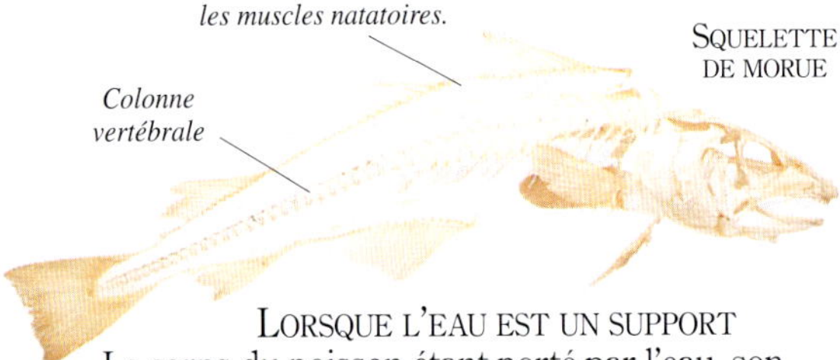

LORSQUE L'EAU EST UN SUPPORT

Le corps du poisson étant porté par l'eau, son squelette ne demande pas la résistance de celui d'un animal terrestre. Il possède de nombreuses vertèbres supportant des paires de côtes fines et souples.

DES OS LÉGERS

Le squelette des oiseaux, composé de peu d'os, est léger comparé à celui d'autres animaux terrestres. Certains os comportent des alvéoles emplies d'air qui réduisent leur poids et sont reliées aux sacs aérifères participant à l'apport d'oxygène.

LE SQUELETTE DES TÉTRAPODES

Il illustre le développement des pattes des vertébrés quittant, il y a fort longtemps, le milieu aquatique. Les pattes, courtes et faibles, s'écartent du corps.

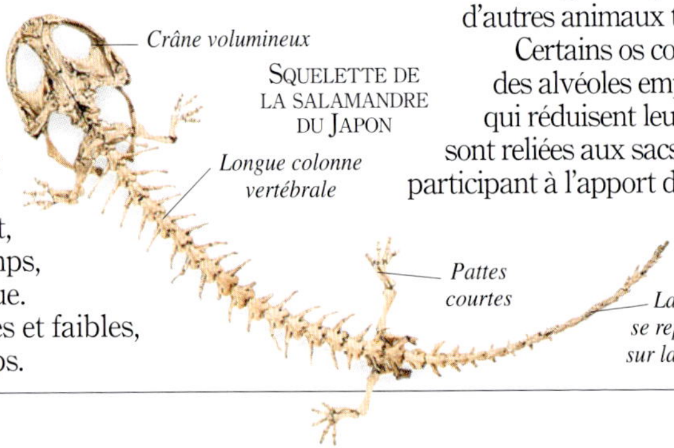

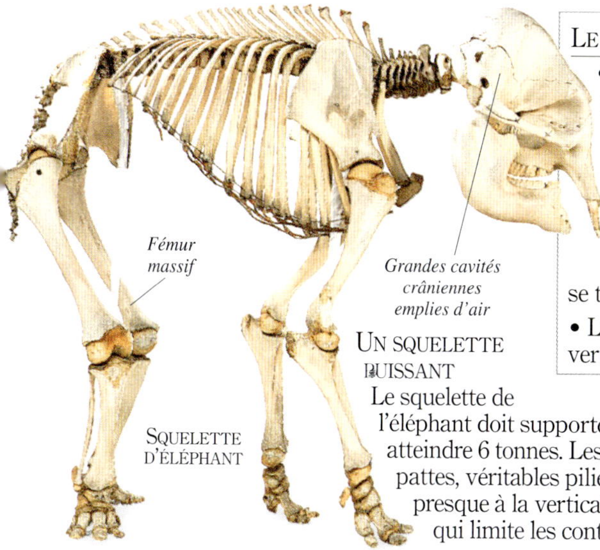

LE SAVIEZ-VOUS ?

- Certains serpents peuvent avoir près de 400 vertèbres. Certaines grenouilles n'en ont que 9.
- Le plus petit os humain (3 mm de long) se trouve dans l'oreille.
- La plupart des vertébrés ont 5 doigts.

UN SQUELETTE PUISSANT

Le squelette de l'éléphant doit supporter un poids pouvant atteindre 6 tonnes. Les os de ses énormes pattes, véritables piliers, sont placés presque à la verticale sous le corps, ce qui limite les contraintes mécaniques.

COMPARAISON ENTRE MEMBRES

STRUCTURE SIMILAIRE

Les membres des mammifères, servant au déplacement, ont tous le même agencement osseux. Nos bras sont longs, minces et flexibles. Le "bras" de la chauve-souris s'est transformé en aile munie de longs doigts qui s'écartent en vol. Les membres antérieurs du dauphin sont courts et puissants.

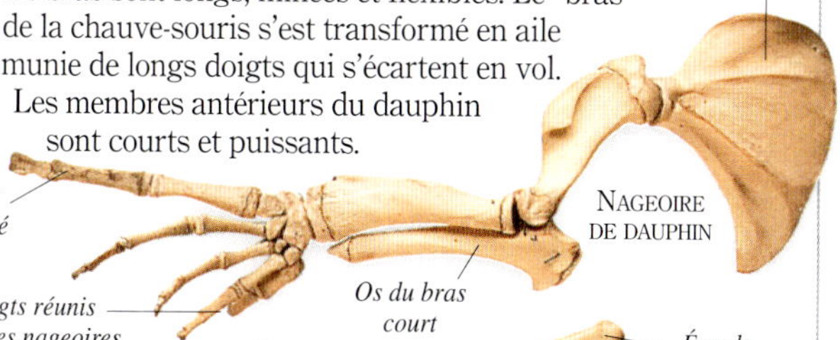

Muscles et mouvements

Dans le monde animal, pouvoir bouger, c'est survivre. L'animal se déplace grâce à des muscles composés de fibres qui, par contraction ou relâchement, assurent le mouvement. C'est la nourriture qui procure l'énergie nécessaire au travail musculaire.

Le bond de la grenouille

Grenouilles, puces et kangourous se déplacent par sauts. La contraction des muscles des pattes postérieures de la grenouille produit une force de levier qui la propulse en l'air.

Le saviez-vous ?

- La puce du chat peut sauter jusqu'à 34 cm, ce qui représente 100 fois la longueur de son corps. Elle utilise pour cela l'énergie stockée au niveau des articulations de ses pattes.

Les muscles de l'homme

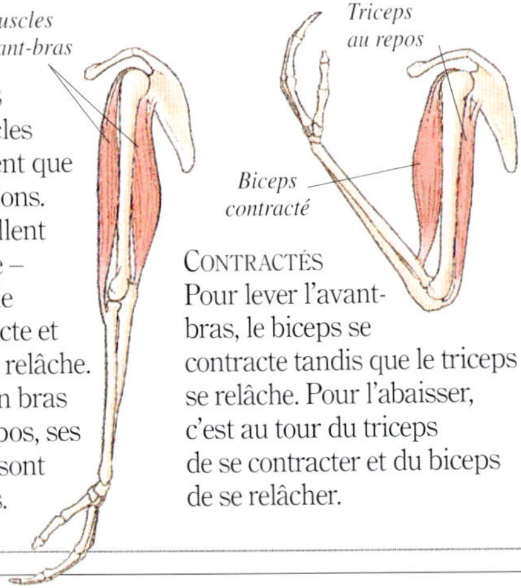

Au repos

Les muscles n'effectuent que des tractions. Ils travaillent en couple – un muscle se contracte et l'autre se relâche. Quand un bras est au repos, ses muscles sont détendus.

Contractés

Pour lever l'avant-bras, le biceps se contracte tandis que le triceps se relâche. Pour l'abaisser, c'est au tour du triceps de se contracter et du biceps de se relâcher.

Les mammifères les plus rapides

Le guépard est l'animal terrestre le plus rapide sur courte distance. Le pronghorn est le plus rapide sur longue distance.

Nom commun	Nom scientifique	Vitesse max. km/h	m/h
Guépard	*Acinonyx jubatus*	105	65
Pronghorn	*Antilocapra americana*	86	53
Gazelle de Mongolie	*Procapra gutturosa*	80	50
Springbok	*Antidorcas marsupialis*	80	50
Gazelle de Grant	*Gazella granti*	76	47
Gazelle Thompson	*Gazella thomsoni*	76	47
Lièvre européen	*Lepus capensis*	72	45

Le déplacement du crotale cornu

La plupart des serpents progressent par reptation, suite d'ondulations latérales. Le crotale cornu, lui, se projette en avant régulièrement en laissant derrière lui une trace caractéristique.

Patelle fixée par son pied musculeux

Patelle

Un bon système de fixation

La patelle est un mollusque dont les muscles restent contractés des heures en dépensant très peu d'énergie. Ils servent à fermer la coquille ou à la fixer au rocher.

Jeu de pattes

Les quadrupèdes se déplacent de façon coordonnée. Pour marcher, le guépard avance d'abord la patte antérieure droite et la postérieure gauche, puis le couple de pattes opposées. Pour courir, il regroupe ses pattes antérieures et postérieures.

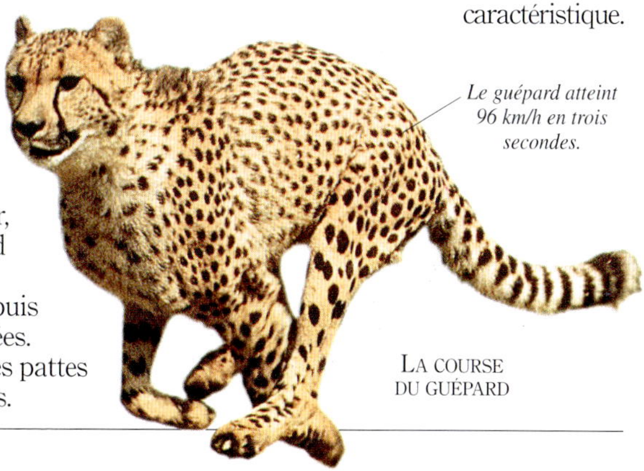

Le guépard atteint 96 km/h en trois secondes.

La course du guépard

Le mode de déplacement

Tous les animaux peuvent se mouvoir, même si certains passent toute leur vie d'adulte au même endroit. Leur mode de déplacement est fonction de leur taille, de leur forme mais aussi de leur environnement. Les animaux terrestres prennent appui sur le sol. La plupart des animaux adaptés à la nage et ceux adaptés au vol fendent l'eau ou l'air à l'aide de nageoires ou d'ailes. Quelques-uns (la pieuvre, le calmar) progressent par propulsion.

L'envol d'un insecte

Le criquet, ailes plaquées le long du corps, utilise les muscles puissants de ses pattes pour sauter. En l'air, il déploie ses deux paires d'ailes auxquelles il imprime un battement vigoureux.

Le déplacement dans l'eau

La roussette, poisson cartilagineux comme le requin, nage par ondulations, corps et nageoires déplaçant l'eau latéralement. Les poissons osseux, eux, gardent leur corps droit et seule leur nageoire caudale bat l'eau comme une godille.

@ Vol

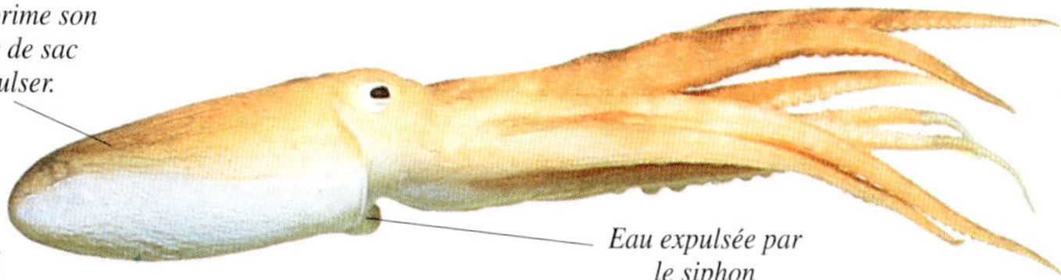

DÉPLACEMENT PAR PROPULSION

La pieuvre nage vers l'arrière, étirant ses tentacules derrière elle, d'où sa forme fuselée. Pour avancer, elle contracte une cavité remplie d'eau (la cavité palléale) et expulse un jet d'eau par un conduit orientable appelé siphon.

OISEAU EN VOL

LE DÉPLACEMENT EN VOL

Seuls les oiseaux, les insectes et les chauves-souris sont capables d'un vol actif. La forme profilée et incurvée de leurs ailes favorise l'ascension. Pour contrecarrer la loi de la pesanteur et se maintenir en l'air, ils les battent. Lorsqu'ils arrêtent, ils perdent vitesse et altitude. Certains oiseaux, comme les rapaces, utilisent les courants d'air chaud pour s'élever en altitude.

L'ESSOR DU PIGEON

SYSTÈME NERVEUX ET CERVEAU

Les cellules nerveuses (neurones) acheminent des signaux d'une partie du corps à une autre, assurant ainsi la coordination de ses fonctions. L'ensemble des neurones constitue un réseau, le système nerveux. Il est souvent contrôlé par le cerveau qui reçoit et traite l'information provenant des neurones.

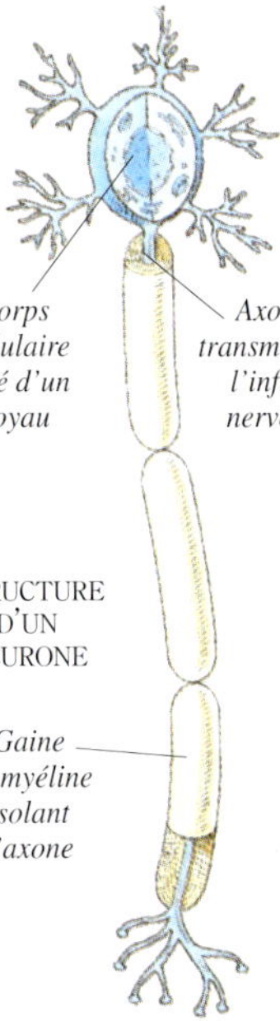

STRUCTURE D'UN NEURONE

TRANSMISSION DES SIGNAUX
La cellule nerveuse (neurone) comprend un noyau et un axone qui transmet les signaux. L'axone gainé des vertébrés augmente la vitesse de transmission des signaux.

SYSTÈME NERVEUX DE LA MÉDUSE

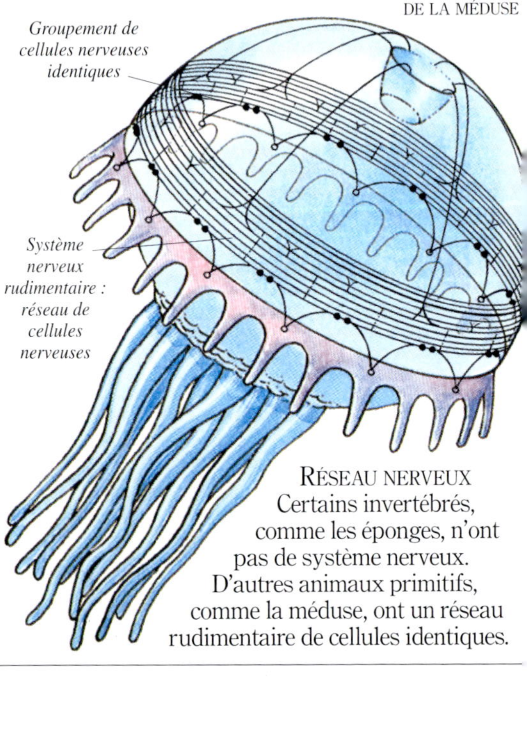

RÉSEAU NERVEUX
Certains invertébrés, comme les éponges, n'ont pas de système nerveux. D'autres animaux primitifs, comme la méduse, ont un réseau rudimentaire de cellules identiques.

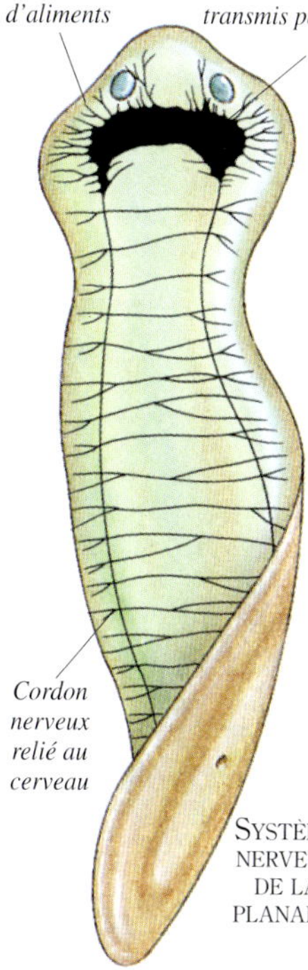

SYSTÈME NERVEUX DE LA PLANAIRE

CERVEAU ET SYSTÈME NERVEUX

Le cerveau rudimentaire de la planaire est relié à 2 cordons nerveux courant le long du corps. Ils transmettent des signaux sensoriels au cerveau qui les analyse et déclenche une réponse corporelle.

STRUCTURE DU CERVEAU

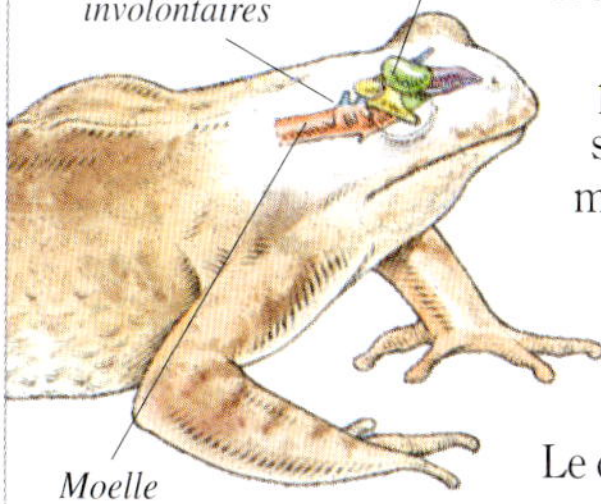

ENCÉPHALE DE GRENOUILLE

L'encéphale des vertébrés comprend 3 organes principaux : le cervelet, siège de la coordination motrice et de l'équilibre ; le cerveau ; la moelle épinière assurant les mécanismes vitaux, telle la respiration. Le cerveau de la grenouille est très petit.

CERVEAU D'OISEAU

L'oiseau possède un gros cervelet qui lui permet de contrôler les mouvements complexes du vol. Plus gros que celui de la grenouille, son cerveau n'a pas de replis.

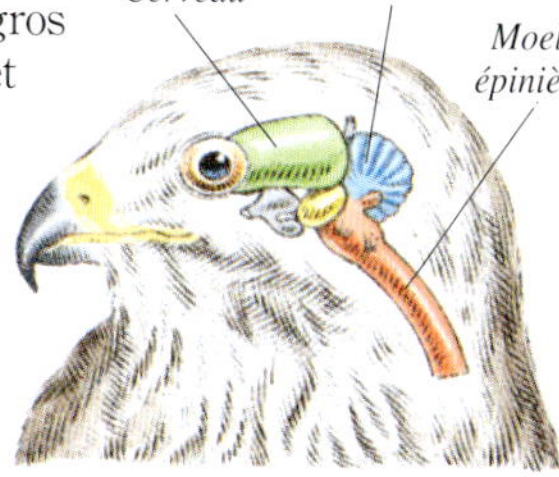

IMAGE PAR RÉSONANCE MAGNÉTIQUE NUCLÉAIRE DU CERVEAU HUMAIN

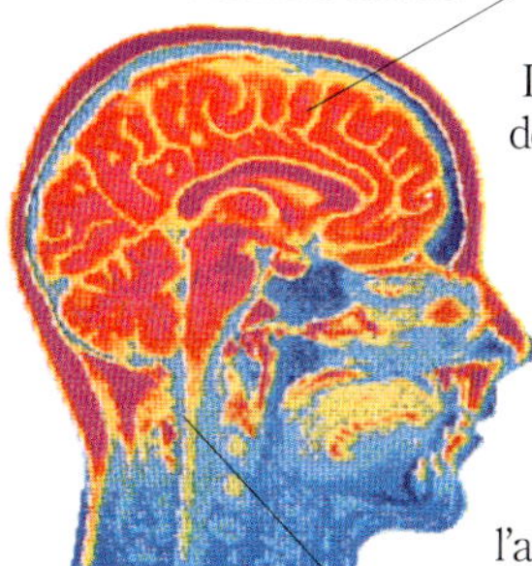

ENCÉPHALE DE L'HOMME

Le cerveau est une masse de cellules nerveuses, bien plus importante que les autres parties de l'encéphale. Divisé en 2 hémisphères cérébraux parcourus de sillons, les scissures, il est le siège de la mémoire, de l'apprentissage et des sens.

Les sens

Les animaux utilisent leurs sens pour collecter des informations sur le monde environnant. Nombre d'entre eux s'en remettent à leur vue. Plusieurs insectes et mammifères à l'ouïe très développée élaborent une “représentation sonique” de leur environnement.

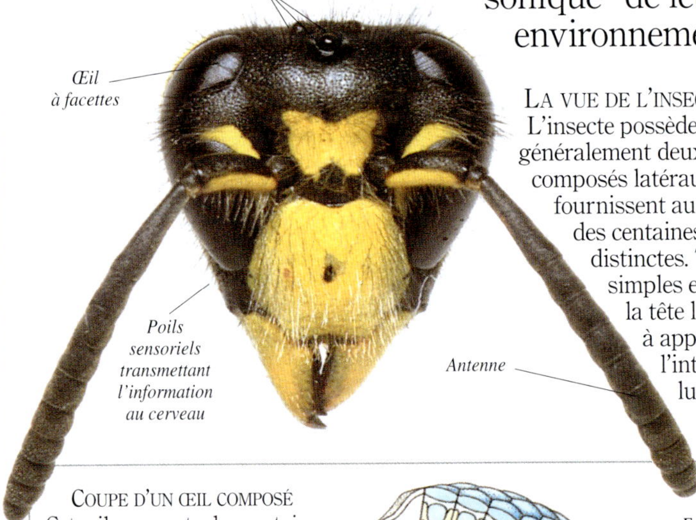

La vue de l'insecte
L'insecte possède généralement deux yeux composés latéraux qui fournissent au cerveau des centaines d'images distinctes. Trois yeux simples en haut de la tête lui servent à apprécier l'intensité lumineuse.

Coupe d'un œil composé
Cet œil comporte des centaines d'alvéoles munies chacune d'une lentille externe convexe (facette) et d'une lentille interne conique. Chaque facette capte de très petits faisceaux de lumière, images que le cerveau coordonnera.

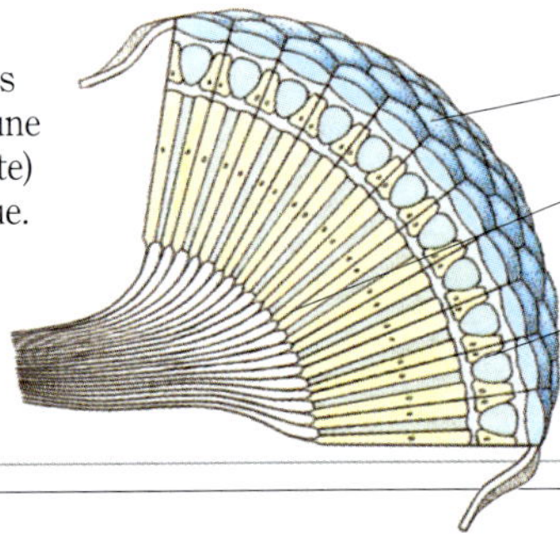

Sens

CAMÉLÉON

Yeux aux mouvements indépendants

Le caméléon a un large champ de vision.

UNE DOUBLE VISION

Les yeux aux mouvements indépendants du caméléon lui permettent, lorsqu'il repère une proie, de la surveiller d'un œil et de vérifier de l'autre qu'il n'y a pas de prédateurs alentour. Son cerveau reçoit et interprète deux images distinctes. Quand il fixe sa proie, il utilise ses deux yeux pour apprécier la distance et viser.

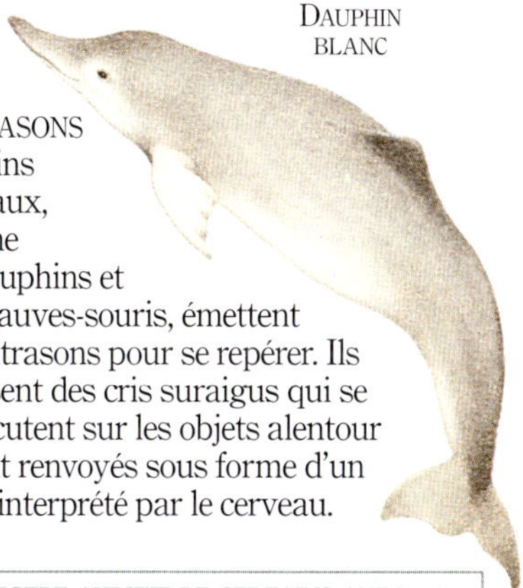

DAUPHIN BLANC

ULTRASONS

Certains animaux, comme les dauphins et les chauves-souris, émettent des ultrasons pour se repérer. Ils poussent des cris suraigus qui se répercutent sur les objets alentour et sont renvoyés sous forme d'un écho, interprété par le cerveau.

CRIQUET D'AMÉRIQUE CENTRALE

Organe auditif situé près de l'articulation des pattes antérieures

LA PERCEPTION DES SONS

Les insectes ont la faculté de détecter les vibrations. Les criquets possèdent, au niveau de l'articulation des pattes antérieures, une sorte d'oreille, membrane tendue sensible aux vibrations sonores.

SPECTRE AUDITIF DE CERTAINS ANIMAUX

L'unité de hauteur du son, qui mesure en fait sa fréquence, est le hertz (Hz). Plus le nombre est grand, plus le son est aigu.

ESPÈCE	SPECTRE AUDITIF EN HZ
Éléphant	1-20 000 Hz
Chien	10-35 000 Hz
Homme	20-20 000 Hz
Chauve-souris	100-100 000 Hz
Grenouille	100-2 500 Hz

D'autres sens

Grâce au goût et à l'odorat, les animaux peuvent trouver leur nourriture en évitant les substances toxiques, mais aussi communiquer et détecter des ennemis. Dans l'eau ou l'obscurité, les animaux survivent à l'aide de sens particuliers.

Les chiens de chasse ont un excellent odorat.

BRAQUE DU BOURDONNAIS

LE FLAIR DU CHIEN

Chez le chien, l'odorat est le sens le plus développé. L'intérieur de sa truffe est doté de nombreux récepteurs olfactifs qui détectent les composés chimiques d'une odeur et transmettent des signaux au cerveau. L'activité cérébrale du chien consiste surtout à interpréter des odeurs.

LE GOÛT DE L'AIR

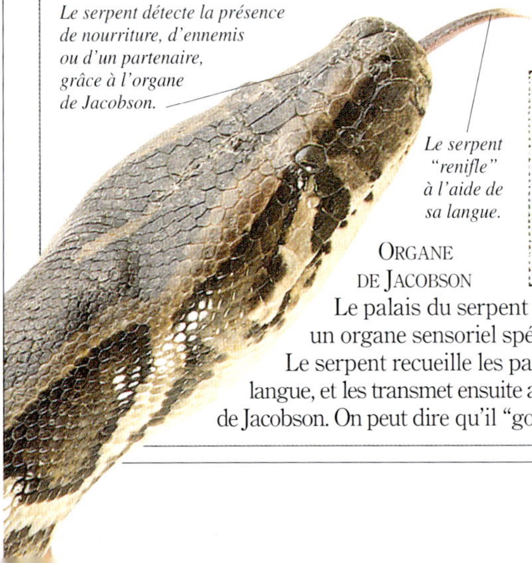

Le serpent détecte la présence de nourriture, d'ennemis ou d'un partenaire, grâce à l'organe de Jacobson.

Le serpent "renifle" à l'aide de sa langue.

PYTHON MOLURE

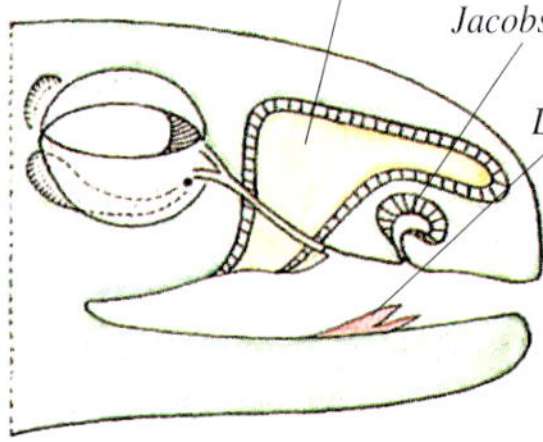

ORGANE DE JACOBSON

Le palais du serpent (tel celui du chat) possède un organe sensoriel spécial, l'organe de Jacobson. Le serpent recueille les particules chimiques de l'air avec sa langue, et les transmet ensuite aux cellules sensorielles de l'organe de Jacobson. On peut dire qu'il "goûte" les particules "olfactives".

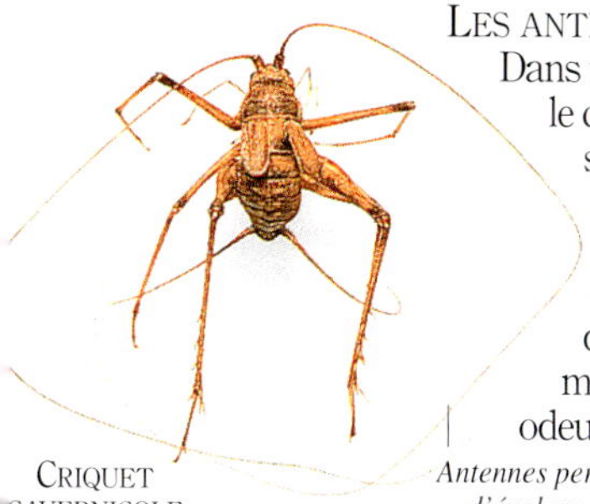

CRIQUET CAVERNICOLE DU NIGERIA

LES ANTENNES

Dans une grotte obscure, le criquet cavernicole se dirige à l'aide d'antennes réceptrices démesurées qui détectent mouvements de l'air, odeurs et vibrations.

Antennes permettant au criquet d'évoluer dans l'obscurité

LE SAVIEZ-VOUS ?

- Le nez de l'homme a 5 millions de récepteurs olfactifs, la truffe du chien 200.
- La libellule détecte un insecte en mouvement à 10 m.
- Les chauves-souris repèrent un moucheron à 20 m.

LIGNE LATÉRALE

La plupart des poissons ont une rangée de récepteurs, la ligne latérale, de chaque côté du corps. En détectant les variations de la pression de l'eau, le poisson est averti d'une présence.

CARPE MIROIR

Grandes écailles brillantes soulignant la ligne latérale

PERCEPTION DE LA PESANTEUR

Yeux capables de détecter l'ombre d'un poisson

Propulsion par jets d'eau

Tentacules sensoriels bordant la coquille

UNE QUESTION D'ÉQUILIBRE

La coquille Saint-Jacques possède des organes de l'équilibre – les statocystes. Le statocyste est formé d'une poche sphérique tapissée à l'intérieur de poils sensibles, et contenant un granule minéral. Le déplacement du granule sur les poils renseigne l'animal sur sa position.

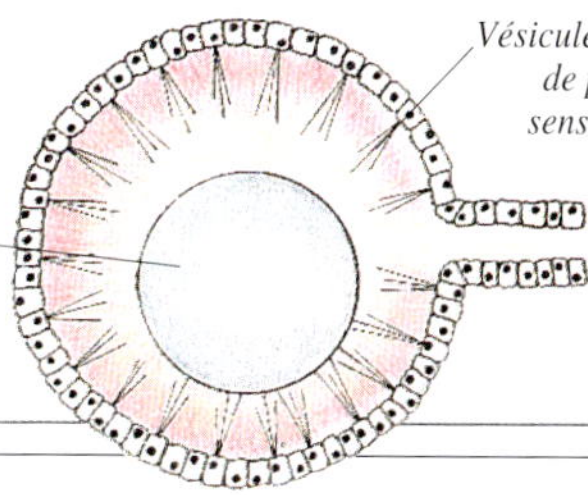

Vésicule tapissée de poils sensoriels

Granule dur attiré par la pesanteur

COUPE D'UN STATOCYSTE

LE COMPORTEMENT

Le comportement d'un animal est défini par ce qu'il fait et la manière dont il le fait, qu'il s'agisse de chercher sa nourriture, prendre soin de lui, défendre son territoire, trouver un partenaire ou s'occuper de ses petits.

LA TOILETTE DES PLUMES
Pour entretenir son plumage, l'oiseau lui consacre quotidiennement un certain temps. À l'aide de son bec, il le lisse et en ôte les parasites (poux). Pour le maintenir étanche, le manchot et d'autres oiseaux aquatiques s'enduisent d'une huile provenant d'une glande particulière.

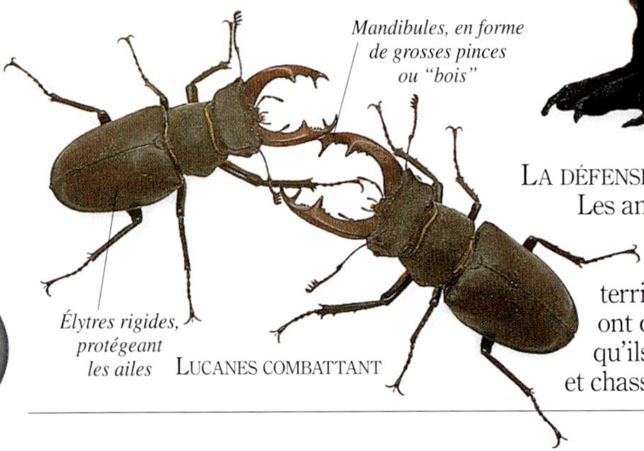

LUCANES COMBATTANT

LA DÉFENSE DU TERRITOIRE
Les animaux se battent pour empêcher des rivaux d'occuper leur territoire. Les lucanes mâles ont des mâchoires puissantes qu'ils utilisent pour agripper et chasser l'adversaire.

Migration

Utilisation d'outils

Certains animaux s'aident d'objets pour se nourrir. Ainsi, cette loutre de mer, installée sur un lit d'algues, frappe un coquillage sur la pierre qu'elle tient contre sa poitrine pour l'ouvrir avant d'en savourer le contenu.

Migration des oiseaux

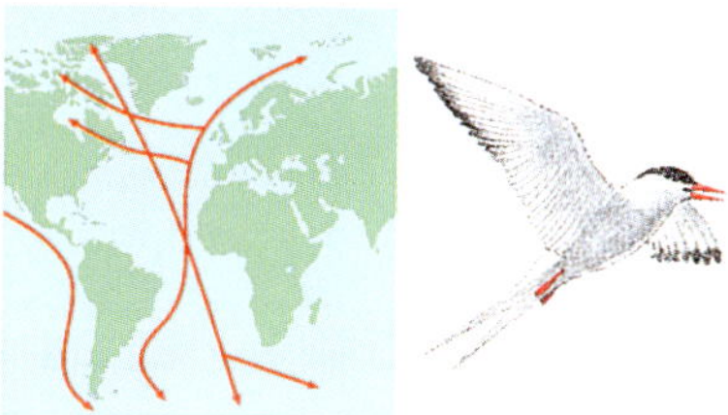

Sterne arctique

Certains oiseaux volent sur de longues distances pour fuir le mauvais temps, ou s'alimenter. Les sternes arctiques volent ainsi de l'Arctique à l'Antarctique.

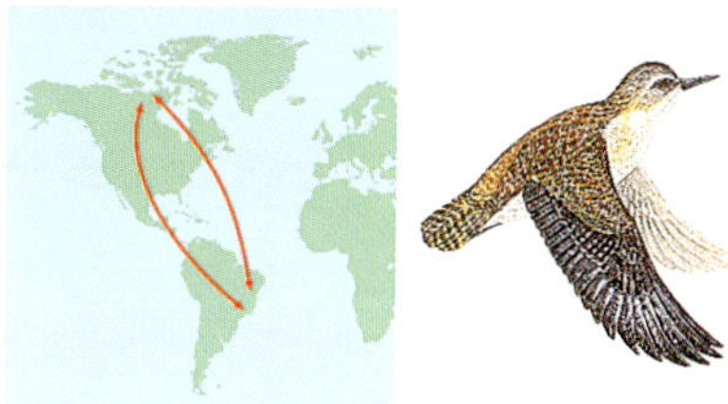

Pluvier doré d'Amérique

De tous les oiseaux se reproduisant à terre, c'est celui qui effectue la plus longue migration. Il se reproduit au Canada, puis s'envole pour l'Argentine.

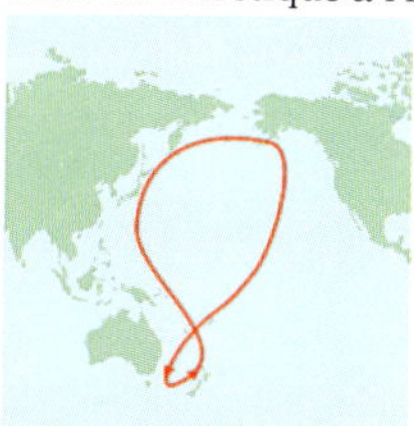

Puffin à queue courte

Après l'accouplement, dans le sud de l'Australie, il fait le tour complet du Pacifique Nord, avant de revenir à son point de départ.

Fauvette grisette

Ce passereau se reproduit au printemps et en été en Europe, puis migre en Afrique pour y passer l'hiver.

Communication et défense

Pour l'animal, communiquer avec ceux de son espèce et se défendre contre les prédateurs est vital. Il utilise pour cela des sons et des signaux visuels ou chimiques. Le mimétisme, la carapace, le poison sont autant de systèmes de défense.

L'hormone de communication

De nombreux insectes communiquent par le biais de substances chimiques – les phéromones – qu'ils diffusent sur le sol ou dans l'air. Le papillon-lune indien femelle sécrète une phéromone qui attire les mâles de très loin.

PAPILLON-LUNE INDIEN

Le papillon est sensible aux odeurs.

Danse frénétique de l'abeille dans la ruche

La danse de l'abeille

Quand une abeille découvre une bonne source de nectar, elle retourne à la ruche et en informe les autres abeilles. Elle exécute une danse frénétique que ses compagnes interprètent, et qui leur indique le lieu, la distance et la qualité du produit.

Le chant de l'oiseau

Certains animaux, comme l'oiseau et la grenouille, communiquent à l'aide de sons. L'oiseau possède un organe du chant, la syrinx, grâce auquel il produit toute une gamme de sons destinés à signaler son territoire.

ROUGE-GORGE CHANTANT

LE MIMÉTISME DE L'INSECTE

Le phasme opère un camouflage pour échapper aux prédateurs. Dissimulé dans le feuillage, il se confond avec un amas de feuilles mortes. Il est alors très difficilement repérable, dans la mesure où il reste immobile.

PHASME ÉPINEUX GÉANT

Immobile, il se confond avec les feuilles.

Couleurs vives très repérables en forêt

RAINETTE ORANGÉE DE MADAGASCAR

GRENOUILLE VENIMEUSE

La peau de certaines grenouilles sécrète un poison violent destiné à éloigner les prédateurs. Leurs couleurs vives avertissent ceux-ci du danger.

POISSON PORC-ÉPIC OU DIODON

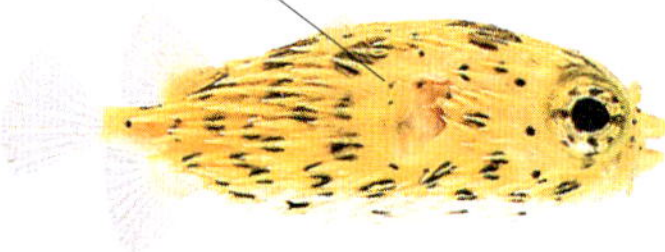

Au repos, épines plaquées contre le corps

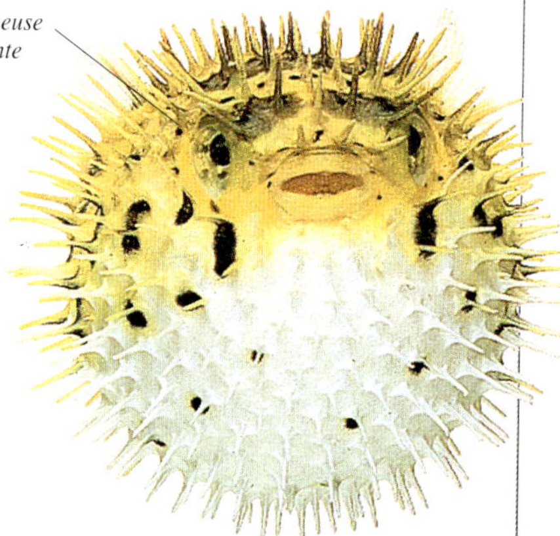

Boule épineuse menaçante

COMME UNE BAUDRUCHE

Le poisson porc-épic possède un système de défense ingénieux. À l'approche du danger, pour se rendre invulnérable, il se gonfle d'eau et hérisse les épines dont il est couvert : il est ainsi à peu près impossible de l'avaler.

LA REPRODUCTION

Tous les êtres vivants se reproduisent. Pour la plupart des espèces, la fécondation de l'œuf exige l'accouplement de deux partenaires. Quelques rares animaux inférieurs peuvent se reproduire sans s'accoupler.

Paon mâle déployant sa queue pour charmer la femelle

PAON MÂLE

PARADE NUPTIALE

Pour se reproduire et trouver un partenaire du sexe opposé, le mâle effectue des rituels complexes – la parade nuptiale. Cette mise en scène tisse un lien entre les deux individus.

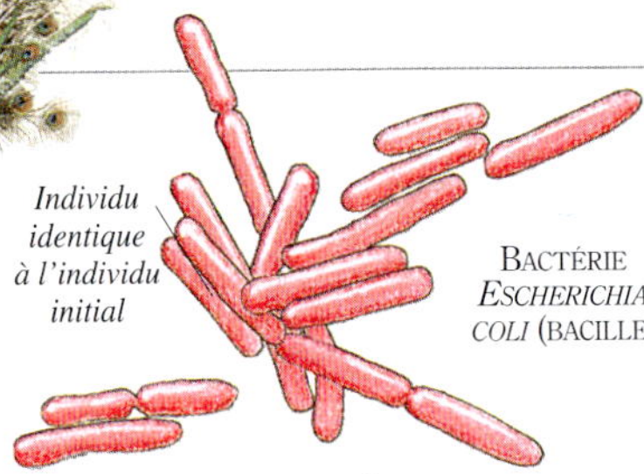

Individu identique à l'individu initial

BACTÉRIE *ESCHERICHIA COLI* (BACILLE)

REPRODUCTION ASEXUÉE

De nombreuses formes de vie primitive, comme les bactéries, se reproduisent par fragmentation. Certains insectes se reproduisent à partir d'un œuf non fécondé (parthénogenèse).

@ Reproduction

GRENOUILLE MÂLE FÉCONDANT LES ŒUFS

Mâle aspergeant les œufs de son sperme

REPRODUCTION SEXUÉE

Généralement, la reproduction suppose l'accouplement du mâle et de la femelle. Pour que le sperme puisse féconder l'ovule, il doit parfois être introduit dans la femelle. Les œufs de grenouille sont, eux, fécondés à l'extérieur du corps de la femelle.

Cycles de reproduction		
Certains animaux ont un cycle de reproduction très court, mais sur l'ensemble d'une portée très peu d'individus survivent.		
Espèce	**Âge de reproduction**	**Nombre de petits**
Fou de Bassan	5-6 ans	1
Lapin	8 mois	10-30
Crocodile du Nil	15 ans	50
Drosophile	10-14 jours	Jusqu'à 900

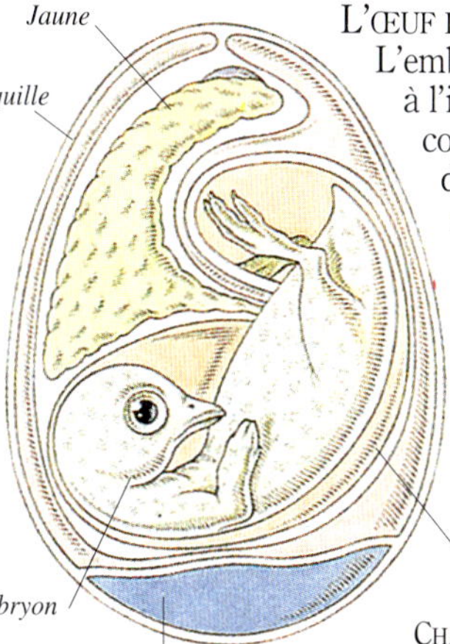

L'œuf de l'oiseau

L'embryon se développe à l'intérieur d'une coquille, protégé des chocs par des membranes et du liquide. Une fois complètement développé, le poussin brise sa coquille et sort.

Poche d'œufs de la roussette

Des poches d'œufs

La femelle de la roussette pond des poches caoutchouteuses qui renferment chacune un embryon. Celui-ci grandit en se nourrissant du jaune de l'œuf et sort 6 à 9 mois plus tard.

Le maternage

La plupart des mammifères, comme le chat, donnent naissance à des petits vivants, mais non autonomes. La mère doit les allaiter jusqu'à ce qu'ils soient assez forts pour trouver eux-mêmes leur nourriture.

Chatte birmane avec ses chatons

Croissance et développement

Au cours de leur croissance, les êtres vivants, en général, grossissent. Les diverses parties de leur corps se développant à un rythme différent, leurs proportions se modifient peu à peu. Pour certains, la croissance est permanente ; pour d'autres, rapide au début, elle cesse au stade adulte. D'autres subissent des métamorphoses.

Pousse d'une nouvelle queue

Scinque arboricole

Si un prédateur attrape un scinque par la queue, celle-ci se détache à un point de rupture. Une nouvelle queue, dotée d'un cartilage qui remplace l'os, repousse et atteint en 8 mois la taille de la queue d'origine.

Queue se détachant au point de rupture

La repousse d'une nouvelle queue exige beaucoup d'énergie.

1 Le début d'une vie

L'œuf de poule est d'abord une cellule unique. Une fois fécondée, celle-ci se divise un très grand nombre de fois pour former le poussin.

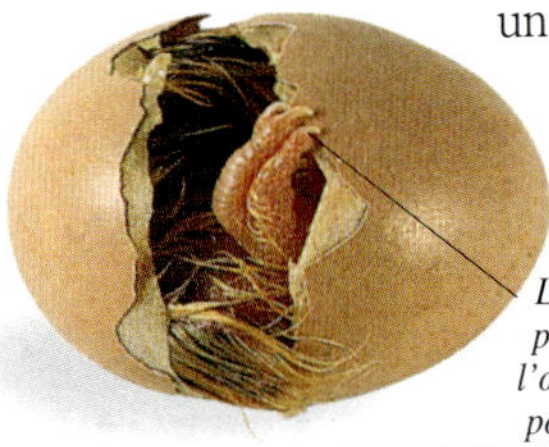

Le poussin utilise une protubérance (dent de l'œuf) située sur son bec pour briser la coquille.

2 La délivrance

Au cours de l'éclosion, le poussin brise la coquille, sort de l'œuf et respire sa première bouffée d'air.

Le duvet mouillé sèche rapidement.

@ Croissance

Le développement de la coquille

La coquille de nombreux mollusques, constituée de dépôts de cristaux de carbonate de calcium, grandit avec l'animal.
Les anneaux correspondent aux périodes de croissance.

Anneaux de plus en plus grands et de plus en plus saillants

Croissance d'un triton

Lèvre épaisse d'une coquille adulte

La croissance

Nouveau-né vulnérable

Petit de 8 semaines, plus indépendant

À 3 mois, jeux et combats préparent à la chasse.

Renardeau

Le renardeau nouveau-né, sans défense, dépend de sa mère les premières semaines de sa vie. À 8 semaines il tète encore, mais il peut déjà chercher sa nourriture.

Le poussin trouve sa nourriture tout seul.

3 Le nouveau-né

Le jeune poussin est doté d'une tête et de pattes parfaitement développées, mais d'ailes minuscules. Il court et picore à la recherche de nourriture.

4 Dans les plumes de sa mère

Une fois secs, les poussins peuvent se déplacer.
Ils reconnaissent leur mère à son cri ; bientôt, ils la reconnaîtront visuellement.

Les métamorphoses

Au fur et à mesure de leur croissance, le corps des animaux évolue. Si pour certains les modifications sont minimes, pour d'autres (amphibiens, poissons, insectes) elles sont considérables – il s'agit de métamorphoses. Les insectes changent de forme par métamorphose complète (changement brutal) ou incomplète (mues successives).

Métamorphose complète de la coccinelle

Ponte des œufs sur la face interne de la feuille

Apparition de la larve molle et blanchâtre

La larve adulte se nourrit de pucerons.

1 L'œuf
Au cours de sa croissance, la coccinelle va se métamorphoser. L'éclosion a lieu 4 jours après la ponte.

2 Apparition de la larve
La larve au corps mou sort de l'œuf. Les vestiges de l'œuf feront office de premier repas.

3 Larve adulte
Elle se déplace lentement et ne peut voler. Ses couleurs repoussent les prédateurs.

La larve abandonne sa peau et la nymphe revêt la sienne.

Élytres changeant progressivement de couleur

Les pucerons sont le mets favori de la coccinelle.

4 Formation de la nymphe
Après de nombreux repas de pucerons, la larve se transforme en nymphe et s'accroche à une feuille.

5 Jeune adulte
De la nymphe éclôt une coccinelle aux ailes jaunes molles. Ses élytres ne tardent pas à durcir.

6 Coccinelle adulte
La coccinelle adulte est totalement différente de la larve. Ses couleurs sont définitives et elle est capable de voler.

@ Métamorphose

MÉTAMORPHOSE INCOMPLÈTE DE LA DEMOISELLE

1 NYMPHE La nymphe se développe sous l'eau, mais sa dernière mue a lieu en milieu aérien.

2 LIBÉRATION Le thorax rempli de sang se gonfle et fait éclater la membrane de la nymphe.

3 VIEILLE MUE L'adulte dégage sa tête de la cuticule de la nymphe et abandonne son masque.

4 AILES FLASQUES La demoiselle est libérée de sa vieille mue. Le sang irrigue ses ailes qui s'allongent.

5 CROISSANCE Le thorax et l'abdomen continuent de se développer ; les ailes sont encore fragiles.

6 APTE AU VOL La demoiselle adulte est prête à s'envoler. Son abdomen est long et brillant, ses ailes translucides.

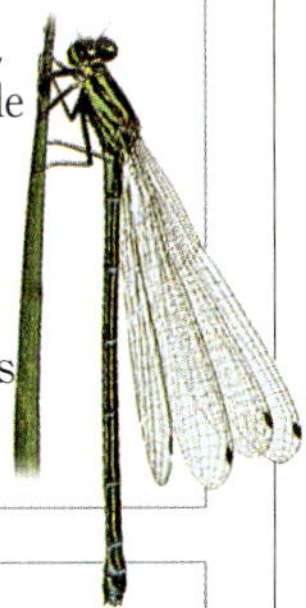

MÉTAMORPHOSE DES INSECTES

Le cycle de vie des insectes comprend trois ou quatre stades d'une durée variable selon que la métamorphose est complète ou non. La première partie de ce tableau indique la durée des quatre stades d'une métamorphose complète.

ESPÈCE	ŒUF	LARVE	NYMPHE	ADULTE
Mouche à viande	1 jour	8 jours	9 jours	35 jours
Coccinelle	4 jours	18 jours	15 jours	9 mois
Piéride du chou	14 jours	1 mois	6 mois	2 mois

INSECTES À MÉTAMORPHOSE INCOMPLÈTE

ESPÈCE	ŒUF	NYMPHE		ADULTE
Cigale américaine	1 mois	17 ans	–	2 mois
Éphémère	1 mois	2 ans	–	1 jour
Cafard	1 mois	3 mois	–	9 mois

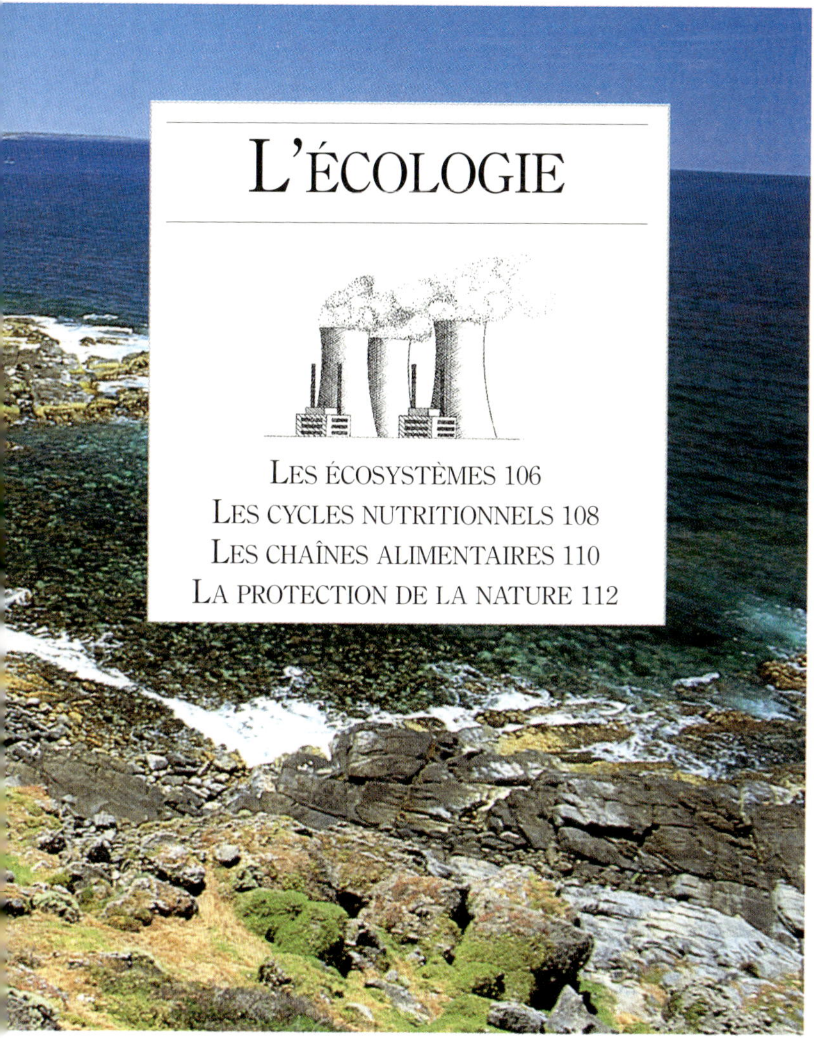

L'ÉCOLOGIE

LES ÉCOSYSTÈMES

Les êtres vivants ne sont jamais isolés : ils sont en constante interaction avec leurs semblables et leur environnement. L'écologie est l'étude de ces interactions. Plusieurs groupes d'êtres vivants vivant dans un même milieu constituent un écosystème, comme par exemple un étang, une forêt, une plage ou une montagne.

UNE PLANÈTE UNIQUE
La Terre est la seule planète connue abritant des êtres vivants. L'atmosphère contient les éléments essentiels nécessaires à la vie, et nous protège des effets nocifs du rayonnement solaire.

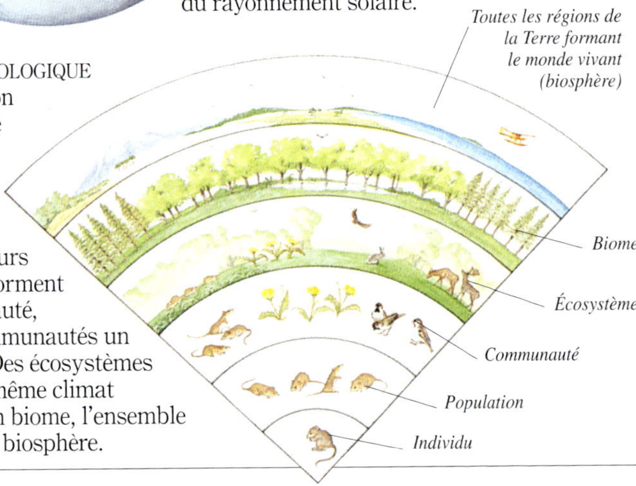

L'ÉCHELLE ÉCOLOGIQUE
Une population est une espèce végétale ou animale vivant dans une même région. Plusieurs populations forment une communauté, plusieurs communautés un écosystème. Des écosystèmes soumis à un même climat constituent un biome, l'ensemble des biomes la biosphère.

@ Écosystème

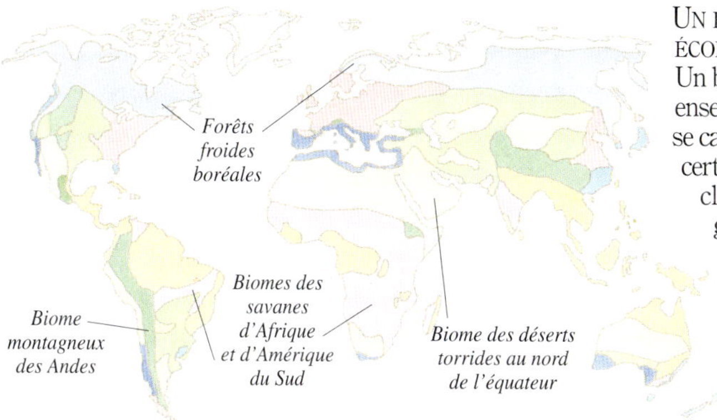

UN ENSEMBLE ÉCOLOGIQUE
Un biome, ou ensemble écologique, se caractérise par certaines conditions climatiques et géographiques, favorables à des animaux et des végétaux spécifiques. Ils forment des territoires plus ou moins vastes.

- TOUNDRA
- FORÊT TEMPÉRÉE
- SAVANE
- PRAIRIE TEMPÉRÉE
- FORÊT HUMIDE TEMPÉRÉE
- FORÊT BORÉALE
- DÉSERT
- FORÊT HUMIDE TROPICALE
- MONTAGNE
- BROUSSE

EXEMPLES DE BIOMES

TOUNDRA
La toundra est une steppe aride des régions arctiques. Le sol y est gelé la quasi-totalité de l'année. Mousses et lichens forment la seule végétation.

FORÊT TEMPÉRÉE
L'Europe du Nord et l'Amérique du Nord dites tempérées – les températures n'y sont pas extrêmes – conviennent aux arbres à feuilles caduques.

Les cycles nutritionnels

Toute matière vivante contient de l'eau, des éléments chimiques indispensables à sa vie (carbone, oxygène, azote), ainsi que des oligo-éléments (cuivre, zinc…). Constamment recyclés dans la biosphère, ces éléments circulent entre les êtres vivants et leur environnement.

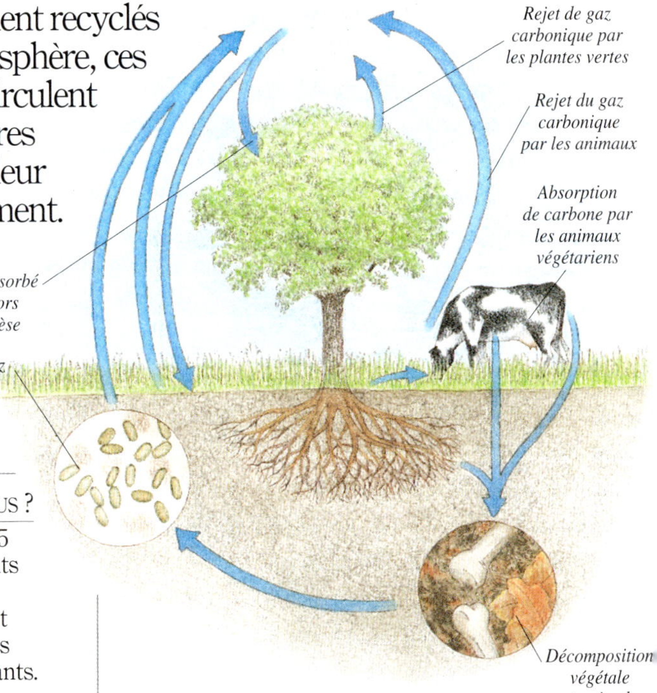

Le saviez-vous ?

- Au moins 25 des 90 éléments naturels de la planète sont indispensables aux êtres vivants.
- Les plantes absorbent chaque année un dixième du gaz carbonique de l'atmosphère.

Le cycle du carbone

Le carbone, constituant de la matière vivante, circule de façon ininterrompue. Les plantes assimilent le gaz carbonique de l'atmosphère lors de la photosynthèse. Les animaux absorbent le carbone en mangeant les plantes. La décomposition animale et végétale libère du carbone.

LE CYCLE DE L'OXYGÈNE
Durant la photosynthèse, les plantes rejettent de l'oxygène. Les êtres vivants l'absorbent pour décomposer les substances énergétiques de la nourriture.

LE CYCLE DE L'AZOTE
L'azote, sous forme de composés comme les nitrates, est indispensable à la fabrication de protéines. Certains composés de l'azote se forment pendant les orages, mais la plupart sont produits par les bactéries du sol.

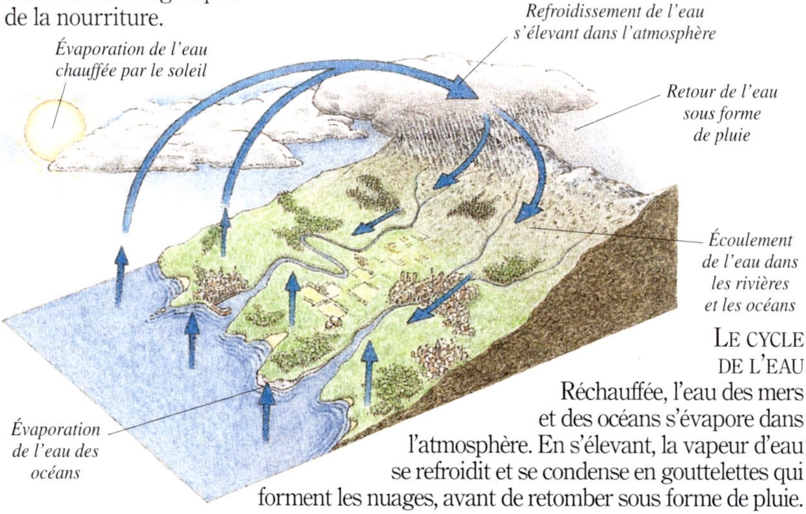

LE CYCLE DE L'EAU
Réchauffée, l'eau des mers et des océans s'évapore dans l'atmosphère. En s'élevant, la vapeur d'eau se refroidit et se condense en gouttelettes qui forment les nuages, avant de retomber sous forme de pluie.

LES CHAÎNES ALIMENTAIRES

Une chaîne alimentaire est un circuit de nourriture et donc d'énergie qui relie différentes espèces. Le maillon initial de cette chaîne, le producteur – en général végétal – élabore sa propre nourriture. L'animal – le consommateur –, en se nourrissant de plantes, récupère de l'énergie, même si une grande partie est utilisée lors du processus. Certaines substances toxiques font parfois aussi partie de cette chaîne.

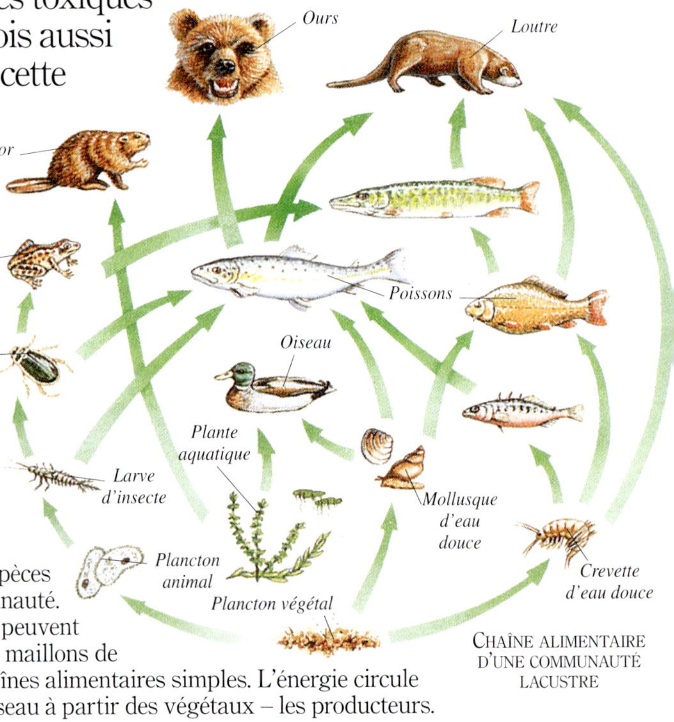

LE RÉSEAU ALIMENTAIRE
Il relie différentes espèces d'une communauté. Les animaux peuvent constituer les maillons de plusieurs chaînes alimentaires simples. L'énergie circule au sein du réseau à partir des végétaux – les producteurs.

CHAÎNE ALIMENTAIRE D'UNE COMMUNAUTÉ LACUSTRE

Plante, producteur initial

Lapin, consommateur initial

CHAÎNE ALIMENTAIRE D'UN BOIS

LA CHAÎNE ALIMENTAIRE

Elle est constituée d'êtres vivants qui se nourrissent les uns des autres. La déperdition énergétique réduit à trois ou quatre les maillons de la chaîne alimentaire.

Renard, deuxième consommateur

NIVEAUX TROPHIQUES

On appelle niveau trophique la position d'une espèce dans la chaîne alimentaire. Il y a plus de matière vivante et d'énergie disponible au premier niveau trophique, celui des producteurs initiaux. La quantité d'énergie disponible et le nombre d'individus diminuent à chaque niveau de consommation.

PYRAMIDE DES NIVEAUX TROPHIQUES

À ce niveau trophique, peu de consommateurs

À ce niveau trophique, diminution de l'énergie disponible

Énergie utilisée par les êtres vivants

Producteurs initiaux

LE BÉLOUGA ET LA POLLUTION

Ce cétacé vit dans les eaux arctiques. Les produits toxiques déversés dans les rivières sont absorbés par le plancton, transmis aux poissons et, sous forme concentrée, au bélouga qui mange les poissons.

LA PROTECTION DE LA NATURE

L'homme a un impact considérable sur l'environnement. Il épuise les ressources de la Terre, et produit beaucoup de déchets et de pollution. Pour protéger l'environnement, nous devons apprendre à le respecter et à gérer les ressources naturelles.

CHANGEMENT CLIMATIQUE

Un réchauffement de quelques degrés de la température a d'importantes répercussions sur l'environnement, comme, par exemple, l'assèchement des rivières (ici en Espagne) qui menac poissons et amphibiens, et toutes les autres espèces vivantes dépendant de la rivière.

TRANSFORMATION DE L'HABITAT

Des milliers d'hectares de forêt ont été déboisés pour permettre la création de routes et d'ensembles immobiliers. Il en résulte un déséquilibre dans les écosystèmes de ces régions.

Des filets immenses ramènent toutes sortes de poissons, sans distinction.

LA PÊCHE INDUSTRIELLE

D'énormes chalutiers capturent sans distinction des quantités si considérables de poissons que, dans certaines zones, ils se sont beaucoup raréfiés. Il a fallu interdire la pêche su ces zones pour que les populations de poissons puissent se reconstituer.

@ Protection de la nature

RÉINTRODUCTION
Dans les années 1970, le milan, en voie d'extinction en Grande-Bretagne, fit l'objet d'un programme de réintroduction. Les jeunes sont élevés en captivité et relâchés dans des régions où l'on peut contrôler leur expansion.

LE SAVIEZ-VOUS ?
- Depuis 1720, 200 espèces ou sous-espèces d'oiseaux ont été exterminées.
- Protégées, la baleine grise et l'oie d'Hawaii ont pu être sauvées de l'extinction.
- Plus de 1 000 espèces d'oiseaux et 500 espèces de mammifères sont en danger.

LES ALLIGATORS
Il est parfois nécessaire de décréter des lois pour protéger les animaux sauvages. Les alligators, chassés pour leur peau, étaient devenus une espèce menacée. Leur chasse est désormais réglementée dans le sud des États-Unis.

LES RÉSERVES NATURELLES
Il existe aujourd'hui de nombreuses réserves naturelles dans le monde, pour protéger les animaux et leurs biotopes. Dans cette réserve du Kenya, le rhinocéros, entre autres, est protégé du braconnage.

1

CLASSIFICATION DES ÊTRES VIVANTS

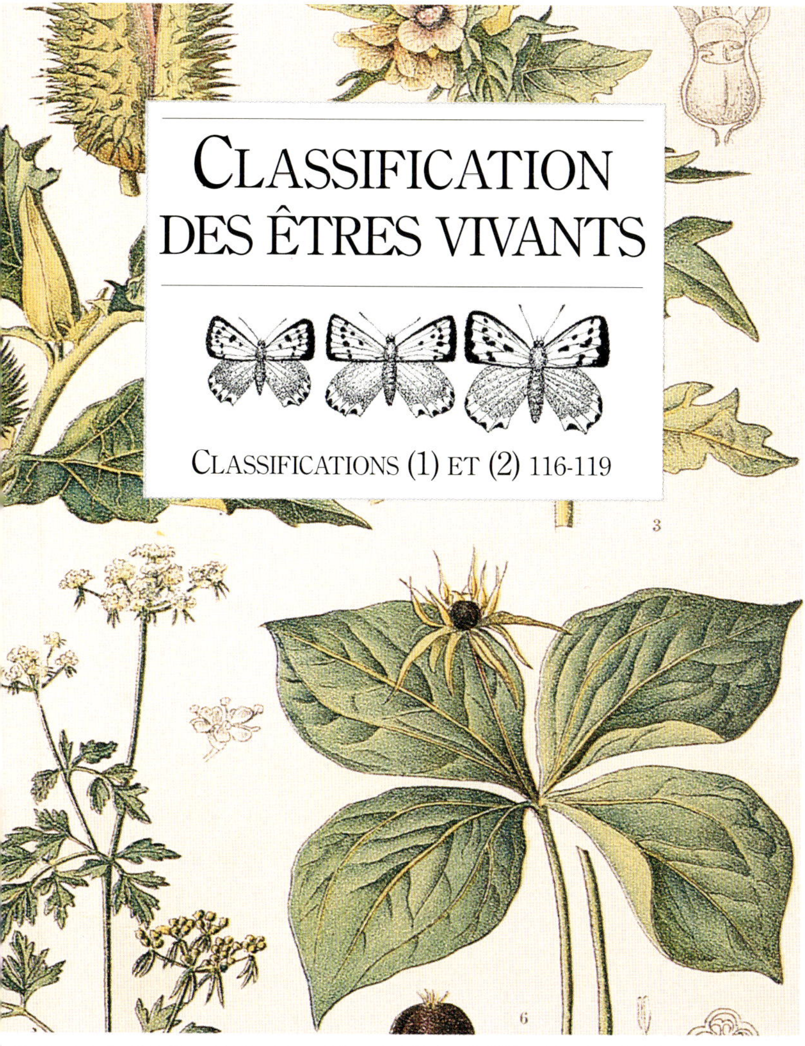

CLASSIFICATION (1)

Pour interpréter la diversité des êtres vivants, les biologistes utilisent une classification qui identifie les espèces par leurs ressemblances et montre comment, par l'évolution, elles sont liées les unes aux autres. Cet organigramme présente les catégories principales des monères, protistes, champignons, plantes et animaux.

CLASSIFICATION D'UNE ESPÈCE

Le groupe de base de la classification est l'espèce. Elle regroupe les êtres vivants pouvant se reproduire entre eux. Voici comment une espèce – le tigre – se situe dans le règne animal.

Règne animal
Animalia

Embranchement des chordés
Chordata

Classe des mammifères
Mammalia

Ordre des carnivores
Carnivora

Famille des félidés
Felidae

Genre
Panthera

Espèce
Panthera tigris

DIVISIONS

Une classification se divise en entités de plus en plus petites. Chez les plantes, le groupe correspond à l'embranchement.

- Règne
- Embranchement
- S.-embranchement
- Classe
- Ordre
- Groupe

ALGUES
(Plusieurs phylums)
20 000 espèces

MOISISSURES
(*Zygomycota*)
750 espèces

FOUGÈRE MÂLE

MOUSSES ET HÉPATIQUES
(*Bryophyta*)
15 000 espèces

FOUGÈRES
(*Pteridophyta*)
12 000 espèces

HÉPATIQUE

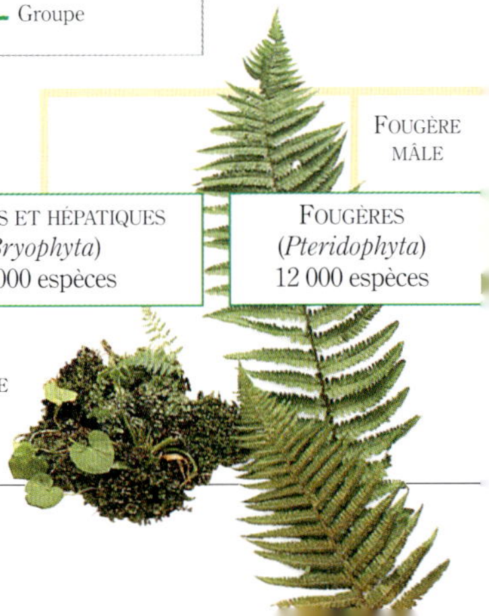

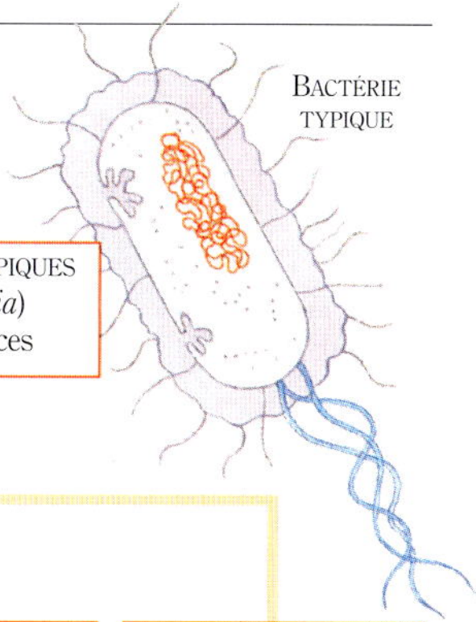

MONÈRES
(*Monera*)

- BACTÉRIES PRIMITIVES (*Archaebacteria*) 500 espèces
- BACTÉRIES TYPIQUES (*Eubacteria*) 5 000 espèces

PROTISTES
(*Protista*)

- AMIBES (*Sarcodina*) 20 000 espèces
- FLAGELLÉS (*Zoomastignina*) 15 000 espèces
- CILIÉS (*Ciliophora*) 8 000 espèces
- SPOROZOAIRES (*Sporozoa*) 5 000 espèces

CHAMPIGNONS
(*Fungi*)

- CHAMPIGNONS À ASQUES (*Ascomycota*) 30 000 espèces
- CLAVAIRES (*Basidiomycota*) 25 000 espèces
- CHAMPIGNONS IMPARFAITS (*Deuteromycota*) 25 000 espèces
- ROUILLES ET MILDIOUS (*Oomycota*) 600 espèces

PLANTES
(*Plantae*)

- LYCOPODALES (*Lycopodophyta*) 1 000 espèces
- ÉQUISETALES (*Spenophyta*) 15 espèces
- GYMNOSPERMES (*Gymnospermophyta*)
  - CONIFÉRALES (*Coniferopsida*) 500 espèces
  - CYCADALES (*Cycadopsida*) 100 espèces
  - GNÉTALES (*Gnetopsida*) 70 espèces
- PLANTES À FLEURS (*Angiospermophyta*)
  - MONOCOTYLÉDONES 80 000 espèces
  - DICOTYLÉDONES 170 000 espèces

Classification (2)

Les animaux représentent les êtres vivants les plus étudiés. Beaucoup d'espèces de vertébrés sont identifiées, mais de nouvelles espèces de poissons, de batraciens et de reptiles sont découvertes chaque année. En revanche, chez les invertébrés, le nombre d'espèces encore non identifiées est certainement important.

Thysanoures
Diploures
Protoures
Collemboles
Éphéméroptères
Odonates
Plécoptères
Grylloblattides
Orthoptères
Phasmides
Dermaptères
Embioptères
Dictyoptères
Isoptères
Zoraptères
Psocoptères
Mallophages
Anoploures
Hémiptères
Thysanoptères
Névroptères
Mécoptères
Lépidoptères
Trichoptères
Diptères
Siphonaptères
Hyménoptères
Coléoptères
Strepsiptères

INSECTES (*Insecta*) 1 000 000 d'espèces

ANIMAUX (*Animalia*)

ROTIFÈRES (*Rotifera*) 2 000 espèces

BRYOZOAIRES (*Ectoprocta*) 4 000 espèces

13 AUTRES PETITS EMBRANCHEMENTS 2 000 espèces

PÉRIPATES (*Onychophora*) 100 espèces

ÉPONGES (*Porifera*) 9 000 espèces

CTÉNAIRES (*Ctenophora*) 90 espèces

TÉRÉBRATULES (*Brachiopoda*) 300 espèces

MOLLUSQUES (*Mollusca*)

- PIEUVRES, CALMARS (*Cephalopoda*) 600 espèces
- ESCARGOTS (*Gastropoda*) 35 000 espèces
- SOLÉNOGASTRES (*Aplacophora*) 5 540 espèces
- CHITONS (*Polyplacophora*) 500 espèces
- MOULES, PALOURDES (*Bivalvia*) 8 000 espèces
- DENTALES (*Scaphopoda*) 350 espèces
- MONOPLACOPHORES (*Monoplacophora*) 10 espèces

ÉCHINODERMES (*Echinodermata*) 6 000 espèces – 5 ordres dont :

- OURSINS (*Echinoidea*) 950 espèces
- OPHIURES (*Ophiuroidea*) 2 000 espèces
- ÉTOILES DE MER (*Asteroidea*) 1 500 espèces
- HOLOTHURIES (*Holothuroidea*) 900 espèces

ASTÉRIE ÉPINEUSE

VERS RONDS (*Nematoda*) 20 000 espèces

NÉMATOMORPHES (*Nematomorpha*) 250 espèces

TARDIGRADES (*Tardigrada*) 600 espèces

LOMBRICS, SANGSUES (*Annelida*) 18 600 espèces

VERS PLATS, DOUVES, TÉNIAS (*Plathelminthes*) 15 000 espèces

HYDRES, CORAUX MÉDUSES (*Cnidaria*) 9 500 espèces

ACANTOCÉPHALES (*Acantocephala*) 1 150 espèces

TARANTULE

PERROQUET

Limules (*Merostomata*) 4 espèces

Araignées de mer (*Pycnogonida*) 500 espèces

Scolopendres (*Chilopoda*) 2 500 espèces

Iule (*Diplopoda*) 10 000 espèces

Arachnides (*Arachnida*) 73 000 espèces
- Pseudoscorpions
- Scorpions
- Araignées
- Opilions
- Acariens
- Uropyges
- Solifuges
- Amblypyges
- Palpigrades
- Ricinucléides

Arthropodes (*Arthropoda*)

Crustacés (*Crustacea*) 35 000 espèces
- **Crevettes de sable** (*Cephalocarida*) 9 espèces
- **Mystacocaridiens** (*Mystacocarida*) 10 espèces
- **Crevettes de sables épineuses** (*Branchiura*) 125 espèces
- **Crabes, homards, crevettes** (*Malacostraca*) 30 000 espèces
- **Bernacles** (*Cirripedia*) 1 220 espèces
- **Ostracodes** (*Ostracoda*) 10 000 espèces
- **Branchiopodes** (*Branchiopoda*) 1 000 espèces
- **Copépodes** (*Copepoda*) 13 000 espèces

Chordés (*Chordata*)

Oiseaux (*Aves*) 9 000 espèces
- Autruches
- Nandous
- Casoars, émeus
- Kiwis
- Albatros, pétrels
- Puffins
- Pélicans, fous de Bassan
- Cormorans
- Frégates
- Manchots
- Grèbes
- Plongeons
- Tinamous
- Hérons, cigognes
- Ibis, flamants
- Canards, oies, cygnes
- Aigles, vautours
- Faucons
- Milans, buses
- Faisans
- Perdrix, tétras
- Dindes
- Grues, foulques, outardes
- Échassiers, mouettes
- Sternes, pingouins
- Gangas
- Pigeons, colombes
- Perroquets
- Coucous
- Chouettes
- Engoulevents
- Couroucous, trogons
- Martinets
- Oiseaux-mouches
- Colious
- Martins-pêcheurs guêpiers, rolliers
- Huppes
- Pics-verts
- Toucans, barbus indicateurs
- Tamatias, jacamars
- Passereaux

Mammifères (*Mammalia*) 4 000 espèces
- Monotrèmes (mammifères pondant des œufs)
- Marsupiaux (mammifères à poche)
- Insectivores
- Musaraignes-éléphants
- Lémuriens volants
- Chauves-souris
- Musaraignes arboricoles
- Primates
- Édentés (fourmiliers, paresseux)
- Pangolins
- Oryctéropes
- Lièvres, lapins, pikas
- Rongeurs
- Baleines et dauphins
- Carnivores
- Phoques, lions de mer, morses
- Éléphants
- Lamantins
- Dugongs
- Ongulés imparidigités
- Ongulés paridigités

Amphibiens (*Amphibia*) 4 200 espèces
- Grenouilles et crapauds, tritons et salamandres
- Cécilies

Reptiles (*Reptilia*) 6 000 espèces
- Lézards et serpents
- Tortues terrestres, marines et d'eau douce
- Crocodiliens
- Sphénodons

Lamproies (*Agnatha*) 75 espèces

Requins et raies (*Chondrichtyes*) 800 espèces
- Requins, roussettes torpilles, raies

Poissons osseux (*Osteichtyes*) 20 000 espèces
- Plus de 20 ordres dont :
- Anguilles
- Harengs, anchois
- Saumons, truites
- Carpes
- Poissons-chats
- Perches
- Espadons, thons
- Poissons volants

Ascidie (*Ascidiacea*) 2 500 espèces

Glossaire

ABDOMEN
Partie du corps d'un animal ; chez l'insecte, il contient le système digestif et les organes reproducteurs.

ADN
Acide désoxyribonucléique. Substance présente dans toute matière vivante, support de l'hérédité.

AKÈNE
Fruit sec à une seule graine.

ALGUES
Organismes aquatiques primitifs, ressemblant à une plante, élaborant leur nourriture par photosynthèse et vivant en colonies.

AMIBE
Petit protozoaire unicellulaire, à l'aspect gélatineux.

AMPHIBIEN
Vertébré à sang froid vivant sur la terre ferme mais se reproduisant généralement dans l'eau.

ANTENNE
Organe sensoriel sur la tête des arthropodes.

ANTHÈRE
Partie des organes reproducteurs de la fleur produisant le pollen.

ARACHNIDE
Arthropode, tels l'araignée ou le scorpion, à quatre paires de pattes motrices.

ARTHROPODE
Invertébré à carapace articulée (crustacés, arachnides et insectes).

AXONE
Long filament d'une cellule nerveuse (ou neurone).

BACTÉRIE
Organisme unicellulaire microscopique.

BIOME
Zone écologique climatique et géographique.

BIOSPHÈRE
Couche vitale de la terre, incluant l'atmosphère et abritant les êtres vivants.

BIOTOPE
Sous-division d'un écosystème offrant un équilibre écologique stable.

BRANCHIE
Organe respiratoire des animaux aquatiques.

BULBE
Réserve nutritive souterraine de certaines plantes.

CADUC
Se dit d'un arbre ou d'un arbuste qui perd toutes ses feuilles en même temps.

CARNIVORE
Animal se nourrissant essentiellement de viande.

CARPELLE
Organe reproducteur femelle de la fleur, avec ovaire, stigmate et style.

CARTILAGE
Substance résistante, souple et lisse du squelette d'un vertébré.

CELLULE
Minuscule élément organisé et vivant.

CHAMPIGNON
Organisme parasite qui se nourrit de son hôte.

CHLOROPLASTE
Organite d'une cellule végétale contenant de la chlorophylle.

Chrysalide
Cocon abritant la métamorphose complète d'un insecte.
Conifère
Plante gymnosperme se reproduisant par des cônes.
Crustacé
Arthropode aquatique à pattes articulées et carapace dure.
Cytoplasme
Substance cellulaire ressemblant à de la gelée.
Déhiscent
Se dit d'un fruit sec qui s'ouvre pour libérer ses graines.
Écologie
Étude des relations des êtres vivants avec leur environnement.
Écorce
Enveloppe épaisse des plantes ligneuses.
Écosystème
Communauté des êtres vivants et de leur environnement.
Espèce
Ensemble d'individus avec des caractères communs, qui se reproduisent entre eux.
Étamine
Organe reproducteur mâle de la fleur.
Évolution
Transformation des organismes d'une génération à l'autre.
Fécondation
Union des cellules sexuelles mâles et femelles dans la reproduction sexuée.
Fleur
Partie d'une plante contenant les organes reproducteurs mâles et femelles.
Folioles
Petites feuilles qui forment une feuille composée.
Fossile
Restes préservés d'un organisme.
Fruit
Le fruit (dur et sec, ou tendre et juteux) contient les graines d'une plante.
Germination
Début de croissance d'une graine ou d'une spore.
Gestation
Développement de l'embryon d'un mammifère vivipare.
Gousse
Fruit sec, tel le pois, qui s'ouvre en deux.
Graine
La graine contient en latence une nouvelle plante et sa réserve nutritive.
Gymnosperme
Plante dont les graines ne se développent pas à l'intérieur d'un fruit.
Habitat
Lieu où vit une espèce.
Hominidés
Famille de primates incluant l'homme et ses ancêtres directs.
Inflorescence
Disposition des fleurs sur une tige.
Invertébré
Animal dépourvu de colonne vertébrale.
Larve
Animal immature qui se métamorphose complètement pour passer au stade adulte.
Lichen
Organisme résultant de l'association d'une algue et d'un champignon.
Mammifère
Animal vertébré qui allaite ses petits.

Marsupial
Mammifère dont les petits achèvent leur développement dans la poche maternelle.

Mésophylle
Cellules internes de la feuille.

Métamorphose
Transformation complète ou incomplète de certains invertébrés, poissons et amphibiens.

Migration
Déplacement en groupes d'oiseaux, mammifères, poissons ou insectes vers une région plus favorable, à certains moments de l'année.

Mollusque
Invertébré au corps mou, souvent protégé par une coquille dure.

Mue
Perte périodique, chez certains animaux, de peau, plumes, ou poils.

Muscle
Faisceau de cellules pouvant se contracter et se relâcher, à l'origine des mouvements.

Mycélium
Réseau de filaments nutritifs – hyphes – produits par le champignon.

Nerf
Faisceau de cellules transmettant des signaux.

Noyau
Centre vital d'une cellule.

Nymphe
Jeune insecte se développant par métamorphose incomplète.

Œil composé
Œil muni de cellules ayant chacune sa propre lentille.

Organe
Partie d'une plante ou d'un animal ayant une fonction spécifique.

Organe de Jacobson
Organe sensoriel détectant les substances chimiques dans l'air.

Organisme
Ensemble des organes d'un être vivant.

Organite
Structure dans une cellule accomplissant une tâche spécifique.

Ovaire
Organe reproducteur femelle produisant des ovules.

Ovipare
Se dit des animaux qui se reproduisent par des œufs.

Ovule
Gamète femelle élaboré par l'ovaire.

Parasite
Organisme vivant dans ou sur un autre organisme (hôte).

Pétale
Partie de la corolle d'une fleur, pouvant attirer les animaux pollinisateurs.

Phloème
Groupe de cellules véhiculant les substances nutritives d'une plante.

Placenta
Chez le mammifère, masse charnue permettant le passage d'éléments nutritifs entre la mère et le fœtus.

Pollen
Grains microscopiques contenant les cellules sexuelles mâles des plantes.

Pollinisation
Transfert du pollen des anthères d'une fleur aux stigmates d'une autre fleur.

Polype
Invertébré à corps cylindrique muni de tentacules, fixé sur une structure solide.

Primates
Mammifère le plus évolué psychiquement, aux doigts préhensiles, et dont l'homme fait partie.

Prosimiens
Primates primitifs vivant dans les arbres, tels que les lémurs et les loris.

Protozoaires
Animaux unicellulaires, tels que les amibes.

Reptile
Vertébré à sang froid et à peau écailleuse qui pond des œufs.

Rhizoïdes
Tige souterraine des mousses et hépatiques.

Rhizome
Tige souterraine rampante qui donne naissance à des bourgeons.

Sépale
Partie du calice entourant la fleur.

Spores
Corpuscules reproducteurs de nombreuses plantes et de certains protozoaires.

Squelette externe
Squelette dur, extérieur d'un animal, appelé exosquelette.

Stigmate
Orifice des trachées d'un insecte laissant pénétrer l'air.

Stigmate
Partie de l'organe reproducteur femelle de la fleur recueillant le pollen.

Stomate
Minuscule pore d'une feuille.

Style
Organe reliant le stigmate et l'ovaire de la fleur.

Système nerveux
Réseau de cellules nerveuses (ou neurones).

Thorax
Partie supérieure du corps d'un animal ; chez l'insecte, il porte les pattes et les ailes.

Thylakoïde
Disque situé dans un chloroplaste et contenant de la chlorophylle.

Transpiration
Chez une plante ou un animal, évacuation de l'eau par une surface externe étendue.

Tubercule
Réserve souterraine de nourriture de certaines plantes.

Vacuole
Cavité d'une cellule servant à stocker.

Vertébrés
Animaux à colonne vertébrale. Mammifères, poissons, reptiles, oiseaux et amphibiens sont des vertébrés.

Vessie natatoire
Organe empli d'un gaz permettant au poisson de flotter.

Virus
Micro-organisme parasitant une cellule et s'y reproduisant.

Vivipare
Se dit d'un animal dont l'œuf se développe dans l'utérus maternel.

Xylème
Cellules transportant l'eau et les minéraux (la sève brute) des racines jusqu'aux feuilles.

Index

Remerciements

Photographies :
Peter Anderson ; Geoff Brightling ; Jane Burton ; Peter Chadwick ; Andy Crawford ; Geoff Dann ; Philip Dowell ; Neil Fletcher ; Frank Greenaway ; Colin Keates ; Dave King ; Cyril Laubscher ; Mike Linley ; Tracy Morgan ; Andrew McRobb ; Roger Phillips ; Tim Ridley ; Karl Shone ; Kim Taylor ; Andreas Von Eisliedel ; Jerry Young.

Illustrations :
Richard Bonson ; Peter Bull ; Angelica Elsebach ; Simone End (Linden Artists) ; Robert Garwood ; Will Giles ; Mike Grey ; Stanley Johnson ; Kenneth Lilly ; Janosh Marfy ; Andrew McDonald ; Richard Orr ; Sandra Pond ; R. Turvey ; John Woodcock ; Dan Wright.

Crédits photographiques :
h = haut b = bas
c = centre g = gauche d = droite

Bruce Coleman : Erwin and Peggy Bauer 85bc ; Nigel Blake 29hg ; John Cancalosi 109hd, 112hg, 67 hd, Alain Compost 43hg, 63bd, Gerald Cubitt 69 hd, Geoff Dore 107bd, Peter Evans 96bd, MPL Fogden 33hd, Jeff Foot 111cd, 95hd, David Hughs 85hd, Stephen J Krasemann 107bg, Luiz Claudio Marigo 48/49, Hans Reinhard 113hg, 24/25, John Visser 63hd, Jean-Pierre Zwaenepoel 72hg ; Ecoscene : Pat Groves 112cd ; Mary Evans Picture Library : Robert Francis 114/115 ; Garden Picture Library : Brian Carter 35hg ; Robert Harding Picture Library : Robert Francis 104/105 ; NASA : 106cg ; Natural History Museum : Peter Chadwick 37hd, Philip Dowell 65hd, 75hd, Colin Keates 10/11, 33cd, 55cg, Dave King 53 cd, Karl Shone 100cg, 100cd ; Scarlett O'Hara 69 cg, 109hg ; Oxford Scientific Films : 37bd ; Planet Earth Pictures : JB Duncan 112bg ; Robert A. Jureit 33hc ; Mike Potts 113bg ; Peter Scoones 17hg ; Science Photo Library : Dr Jeremy Burgess 38bc, 45hg, P. Hawtin, University of Southampton 26bg, Manfred Kage 28bg, Mehau Kelyk 89bd, John Reader 21cg ; Tony Stone Images : Peter Lambreti 113bd ; Weymouth Sea Life Centre : Frank Greenaway 87hd ; Jerry Young : 59hd, 61cg, 67c, 84c.
Couverture : © Dorling Kinderseley ltd pour tous les documents sauf : Dos : Fleur : Davis Lynn Wildlife Premium DG © DLILLC/Corbis 4e plat : © Frans Lanting/Corbis

Pour la version française :
Traduction :
Patricia Gautier

Conseiller scientifique :
Roger Bour
Laboratoire des Reptiles et Amphibiens
Muséum national d'Histoire naturelle, Paris.
Avec la collaboration de Michel Breuil.
Adaptation :
Octavo Éditions
Bernadette Bouvattier, Barbara Kekus, Valérie Millet, Sophie Pujols
(édition et mise en page).
Avec la collaboration de Laure Cotelle, Sandrine Duvillier, Bruno Hanquier et Marianne Perdu.